气象学与气候学实践指导

高卫东　编

电子工业出版社

Publishing House of Electronics Industry

北京·BEIJING

内 容 简 介

本书基于综合类高校地球科学相关专业开设的大气科学、气象学与气候学相关课程，系统介绍气象学与气候学相关教学实践内容，并通过一系列的基础性实践项目，加深学生对基础理论知识的理解，并使学生通过实践掌握基本的实践技能；同时，为适应创新型人才培养的需求，在基础性实践项目的基础上，通过一些创新性较强的综合实践项目提高学生的创新能力，拓宽学生知识面，提高学生的专业素质。

本书可作为大气科学、气象学与气候学相关课程的实践指导教材，亦可为大学生、研究生进行相关科创实践活动提供指导。

图书在版编目（CIP）数据

气象学与气候学实践指导 / 高卫东编. —北京：电子工业出版社，2018.5

ISBN 978-7-121-33759-8

Ⅰ．①气…　Ⅱ．①高…　Ⅲ．①气象学－高等学校－教学参考资料 ②气候学－高等学校－教学参考资料　Ⅳ．①P4

中国版本图书馆 CIP 数据核字（2018）第 036177 号

策划编辑：窦　昊
责任编辑：窦　昊
印　　刷：北京捷迅佳彩印刷有限公司
装　　订：北京捷迅佳彩印刷有限公司
出版发行：电子工业出版社
　　　　　北京市海淀区万寿路 173 信箱　　邮编：100036
开　　本：787×980　1/16　印张：8.5　字数：175 千字
版　　次：2018 年 5 月第 1 版
印　　次：2024 年 8 月第 8 次印刷
定　　价：29.00 元

前　言

　　为了满足综合类高校地球科学相关专业开设的大气科学、气象学与气候学相关课程的需要，按照相关专业培养目标的要求，充分调研校内外各相关专业的教学实践要求，结合综合性高校学科发展融合的优势，以国内现有教材为基础，并结合国内外大气科学的最新研究成果，总结过去实践教学经验，编写了本教材。

　　本教材在满足为课程基础实践服务的同时，注重不同学科、专业的需求，适应综合性高校学科融合发展的要求，内容兼顾地理科学、自然地理与资源环境、环境科学、环境科学与工程、水文与水资源工程、地下水科学与工程七个专业的相关教学内容，通过一系列的基础性实践项目，加深学生对基础理论知识的理解并使学生通过实践掌握基本的实践技能；同时，为适应创新型人才培养的需求，在基础性实践项目的基础上，通过一些创新性较强的综合实践项目来提高学生的创新能力，拓宽学生的知识面，提高学生的专业素质。

　　本教材第 1～4 章对常规气象要素的观测内容和方法进行总体介绍；第 5～6 章介绍常规观测基础上的综合性实践；第 7～8 章较为详细地介绍气候资料的统计方法、气候代用资料的获取和气候重建；第 9 章介绍遥感技术在气象学中的应用；实践项目部分设计了十个具体的实践项目，对学生不同层次、不同专业的实践活动给予指导，同时为满足学生科创性实践的需要，设计了若干相关实践内容供学生参考。

　　教材编写过程中各方面均做了不少努力，但编者学识有限，对不同专业的了解仍有欠缺，书中谬误不可避免，真诚欢迎大家批评指正，以便我们不断改进。

　　教材具体内容参考了大量同行的教学研究成果，在此一并致谢。

作　者
2017 年 10 月于泉城济南

目　　录

第 1 章

绪　　论

　　气象观测，是研究测量和观察地球大气的物理和化学特性、大气现象的方法和手段的一门学科。主要有大气气体成分浓度、气溶胶、温度、湿度、压力、风、大气湍流、蒸发、云、降水、辐射、大气能见度、大气电场、大气电导率以及雷电、虹、晕等。从学科上分，气象观测属于大气科学的一个分支，包括地面气象观测、高空气象观测、大气遥感探测和气象卫星探测等，有时统称为大气探测。由各种手段组成的气象观测系统，能观测从地面到高层、从局地到全球的大气状态及其变化。

1.1　气象观测

1. 地面气象观测

　　地面气象观测是利用气象仪器和目力，对靠近地面的大气层的气象要素值，以及对自由大气中的一些现象进行观测。

　　地面气象观测的内容很多，包括气温、气压、空气湿度、风向风速、云、能见度、天气现象、降水、蒸发、日照、雪深、地温、冻土、电线结冻等。

　　地面气象观测的许多项目都是通过固定在观测场内的各种仪器进行的，所以气象站的站址和观测场地的选择及维护、仪器的安装是否正确，对资料的代表性、准确性和比较性有极大的影响。

2. 高空气象观测

　　高空气象观测是测量近地面到 30 km 甚至更高的自由大气的物理、化学特性的方法和技术。测量项目主要有气温、气压、湿度、风向和风速，还有特殊项目如大气成分、臭氧、辐射、大气电等。测量方法以气球携带探空仪升空探测为主。观测时间主要在北京时 7 时和 19 时两次，少数测站还在北京时 1 时和 13 时增加观测，有的测站只测高空风。此外，其他不定时探测内容有 2 km 以下范围的大气状况的边界层探测、测量特殊项目的气象飞机探测和气象火箭探测等。

3．气象卫星探测

在卫星上携带各种气象观测仪器，测量诸如温度、湿度、云和辐射等气象要素以及各种天气现象，这种专门用于气象目的的卫星被称为气象卫星。按卫星轨道分，气象卫星可以分为两类：

● 极地太阳同步轨道卫星，卫星的轨道平面与太阳始终保持相对固定的取向，卫星几乎以同一地方时经过世界各地。

● 地球同步气象卫星，又称静止气象卫星。卫星相对某一区域是不动的，因而由静止气象卫星可连续监视某一固定区域的天气变化。

根据气象卫星的目的还分为试验卫星，主要对各种气象卫星遥感仪器、新的技术进行试验，待试验成功后转到业务气象卫星上使用业务卫星，这种卫星带有各种成熟的设备和技术，获取各种气象资料，为天气预报和大气科学研究服务。

1.2　观测系统

一个较完整的现代气象观测系统由观测平台、观测仪器和资料处理等部分组成。

1．观测平台

根据特定要求安装仪器并进行观测工作的基点。地面气象站的观测场、气象塔、船舶、海上浮标和汽车等都属地面气象观测平台；气球、飞机、火箭、卫星和空间实验室等，是普遍采用的高空气象观测平台。它们分别装载各种地面的和高空的气象观测仪器。

2．观测仪器

经过三百多年的发展，应用于研究和业务的气象观测仪器，已有数十种之多，主要包括直接测量和遥感探测两类：前者通过各种类型的感应元件，将直接感应到的大气物理特性和化学特性，转换成机械的、电磁的或其他物理量进行测量，如气压表、温度表、湿度表等；后者是接收来自不同距离上的大气信号或反射信号，从中反演出大气物理特性和化学特性的空间分布，如气象雷达、声雷达、激光气象雷达、红外辐射计等。这些仪器广泛应用了力学、热学、电磁学、光学以及机械、电子、半导体、激光、红外和微波等科学技术领域的成果。此外，还有大气化学的痕量分析等手段。

3．资料处理

现代气象观测系统所获取的气象信息是大量的，要求进行高速度的分析处理，一颗极

轨气象卫星，每 12 小时内就能给出覆盖全球的资料，其水平空间分辨率达 1 km 左右。采用电子计算机等现代自动化技术分析处理资料，是现代气象观测中必不可少的环节。许多现代气象观测系统都配备了小型或微型处理机，以及时分析处理观测资料和实时给出结果。

1.3　气象观测网

气象观测网是组合各种气象观测和探测系统而建立起来的，基本上分为以下两大类。

● 常规观测网。长期稳定地进行观测，主要为日常天气预报、灾害性天气监测、气候监测等提供资料的观测系统。由世界各国的地面气象站（包括常规地面气象站、自动气象站和导航测风站）、海上漂浮（固定浮标、飘移浮标）站、船舶站和研究船、无线电探空站、航线飞机观测、火箭探空站、气象卫星及其接收站等组成的世界天气监视网（WWW），就是一个大规模的全球气象观测网。这个观测网所获得的资料，通过全球通信网络，可及时提供给各国气象业务单位使用。此外，还有国际臭氧监测网、气候监测站等。

● 专题观测网。根据特定的研究课题，只在一定时期内开展观测工作的观测系统。例如，20 世纪 70 年代实施的全球大气研究计划第一次全球试验（FGGE）、日本的暴雨试验和美国的强风暴试验的观测网，就是为研究中长期大气过程和中小尺度天气系统等的发生发展规律而临时建立的。

组织气象观测网要耗费大量的人力和物力。如何根据实际需要，正确地选择观测项目，恰当地提出对观测仪器的技术要求，合理地确定仪器观测取样的频数和观测系统的空间布局，以取得最佳的观测效果，是一项重要的课题。

1.4　气象观测的重要性

气象观测是气象工作和大气科学发展的基础。由于大气现象及其物理过程的变化较快，影响因子复杂，除了大气本身各种尺度运动之间的相互作用外，太阳、海洋和地表状况等，都影响着大气的运动。虽然在一定简化条件下，对大气运动做了不少模拟研究（见大气运动数值试验）、大气运动模型实验，但组织局地或全球的气象观测网，获取完整准确的观测资料，仍是大气科学理论研究的主要途径。历史上的锋面、气旋、气团和大气长波等重大理论的建立，都是在气象观测提供新资料的基础上实现的。所以，不断引进其他科学领域的新技术成果，革新气象观测系统，是发展大气科学的重要措施。

气象观测记录和依据它编发的气象情报，除了为天气预报提供日常资料外，还通过长期积累和统计，加工成气候资料，为农业、林业、工业、交通、军事、水文、医疗卫生和环境保护等部门的规划、设计和研究，提供重要的数据。采用大气遥感探测和高速通信传输技术组成的灾害性天气监测网，已经能够十分及时地直接向用户发布龙卷风、强风暴和台风等灾害性天气警报。大气探测技术的发展为减轻或避免自然灾害造成的损失提供了条件。

1.5 我国的气象观测现状

人工观测逐渐转为自动观测，观测自动化水平不断提高。新一代天气雷达在北京奥运会、上海世博会、广州亚运会等重大活动气象保障中作用凸显；"风云二号 F 星"准确定位台风登陆地点；气象部门打造的地基、空基、天基观测网，在防灾减灾、应对气候变化等方面发挥了重要作用。

气象部门将综合气象观测网分为地基、空基、天基观测三部分，地基观测主要包括地面气象观测和天气雷达等地基遥感观测，空基观测主要包括 L 波段探空系统观测，天基观测主要是气象卫星观测。目前，我国的综合气象观测系统在观测能力、规模、密度等方面已经达到世界先进水平。我国 2423 个国家级地面气象观测站全部建成自动气象观测站，温度、湿度、气压、风速、风向等基本气象要素实现了观测自动化，观测频率达到分钟级，我国的地面气象观测能力已达到世界先进水平。

截至 2012 年年底，我国建设区域自动气象站 4.6 万个，平均间距 20 km 左右，乡镇覆盖率达 88.6%，显著提升了气象灾害监测预警能力。

中国气象局从 20 世纪 90 年代中期开始规划新一代天气雷达网，经过十多年建设，已在重点防汛区、暴雨多发区和沿海、省会城市建设 178 部新一代天气雷达，在人口聚居地的覆盖率达 90% 左右。新一代天气雷达实现 6 分钟一次数据实时传输和全国及区域联网拼图，提高了台风、暴雨、冰雹等灾害性天气的监测、预报、预警能力，在北京奥运会、上海世博会、广州亚运会和新中国成立 60 周年等重大活动的气象保障中发挥了重要作用。

在专业气象观测方面，气象部门建设了 93 套气溶胶质量浓度观测系统，实现全国所有省会和副省级城市的全覆盖；建成 2000 多个自动土壤水分观测站，覆盖国家规划的 800 个粮食主产县；在瓦里关、上甸子、龙凤山、临安和香格里拉等 5 个大气本底站建成温室气体在线监测系统，初步形成温室气体在线观测网；建成 1000 多个交通气象观测站，334 个雷电观测站，58 部风廓线雷达，16 个空间天气站。

目前，气象部门已在陆地上建设了高密度气象观测网，但是陆地只占地球表面的十分之三，地球表面的十分之七是海洋，对于海洋气象资料的获取，仅依靠海洋浮标和远洋船航线的观测是远远不够的，还存在大部分观测空白区。气象卫星观测资料可有效弥补海洋观测的空白区，在数值预报中发挥了非常重要的作用。

目前，我国已形成 7 颗卫星在轨稳定运行的业务布局，包括 4 颗静止卫星和 3 颗极轨卫星，形成了"多星在轨、统筹运行、互为备份、适时加密"的业务运行模式，成为与美国、欧盟并列的同时拥有静止和极轨两个系列业务化气象卫星的三个国家（地区）之一。

2012 年发射的"风云二号 F 星"具备机动的区域观测能力，可实现 6 分钟一次区域加密观测，对台风登陆的准确定位发挥了重要作用。目前，"风云三号"极轨卫星实现上、下午星组网观测，成功完成技术升级换代，全球观测时间分辨率从 12 小时提高到 6 小时，探测资料有效提高了数值天气预报准确率。我国气象卫星的技术水平、运行稳定性和寿命、应用能力等都有了重大突破，接收和利用风云系列卫星资料及产品的用户已超过 2500 个，遍及亚洲、欧洲、美洲、非洲、大洋洲等 70 多个国家和地区。

天基观测是未来观测的主导，尽管我国气象卫星的研制水平已处于国际先进行列，但对气象卫星资料的应用能力与国际先进水平相比还有一定的差距，仍要加强对资料的应用，不断提高气象卫星资料应用水平。

1.6　气象观测简史

大气中发生的各种现象，自古以来就为人们所注意，在中外古籍中都有较丰富的记载。但在 16 世纪以前主要是凭目力观测，除雨量测定（最迟在 15 世纪之前已经出现）外，其他特性的定量观测，则是 17 世纪以后的事情。用仪器进行气象观测，经历了三个重要的发展阶段。

16 世纪末到 20 世纪初，是地面气象观测的形成阶段。1597 年（有说 1593 年）意大利物理学家和天文学家伽利略发明空气温度表，1643 年 E.托里拆利发明气压表。这些仪器以及其他观测仪器的陆续发明，使气象观测由定性描述向定量观测发展，在这阶段发明的气压表、温度表、湿度表、风向风速计、雨量器、蒸发皿、日射表等气象仪器，为逐步组建比较完善的地面气象观测站网和对近地面层气象要素进行日常的系统观测提供了物质基础，并为绘制天气图和气候图，开创近代天气分析和天气预报等的研究和业务提供了定量的科学依据。

20 世纪 20 年代末至 60 年代初，是由地面观测发展到高空观测的阶段。随着无线电技术的发展，出现了无线电探空仪，得以测量各高度大气的温度、湿度、压力、风等气象要素，使气象观测突破了二百多年来只能对近地面层大气进行系统测量的局限。到 20 世纪 40 年代中期，气象火箭把探测高度进一步抬升到 100 km 左右，同时气象雷达也开始应用于大气探测。这些高空探测技术的发展，使人们对大气三维空间的结构有了真正的了解。

60 年代初以来，气象观测进入了第三个阶段，即大气遥感探测阶段，它以 1960 年 4 月 1 日美国发射第一颗气象卫星（泰罗斯 1 号）为主要标志。大气遥感不仅扩大了探测的空间范围，增强了探测的连续性，而且增加了观测内容。一颗地球同步气象卫星可以提供几乎 1/5 地球范围内每隔 10 分钟左右的连续气象资料。

第 2 章

气象观测的分类和任务

2.1 观测分类

按承担的观测业务属性和作用，地面气象观测台分为国家基准气候站、国家基本气象站、国家一般气象站三类，此外还有无人值守气象站。承担气象辐射观测任务的站，按观测项目的多少分为一级站、二级站和三级站。

国家基准气候站，简称基准站，是根据国家气候区划和全球气候观测系统的要求，为获取具有充分代表性的长期、连续气候资料而设置的气候观测站，是国家气候站网的骨干。必要时可承担观测业务试验任务。

国家基本气象站，简称基本站，是根据全国气候分析和天气预报的需要所设置的气象观测站，大多担负区域或国家气象情报交换任务，是国家天气气候站网中的主体。

国家一般气象站，简称一般站，是按省（区、市）行政区划设置的地面气象观测站，获取的观测资料主要用于本省（区、市）和当地的气象服务，也是国家天气气候站网观测资料的补充。

无人值守气象站，简称无人站，是在不便建立人工观测站的地方，利用自动气象站建立的无人气象观测站，用于天气气候站网的空间加密，观测项目和发报时次可根据需要而设定。

另外还可布设机动地面气象观测站，按气象业务和服务的临时需要组织所需的地面气象观测。

2.2 观测方式和任务

地面气象观测分为人工观测和自动观测两种方式，其中人工观测又包括人工目测和人工器测。地面气象观测工作的基本任务是观测、记录处理和编发气象报告。

2.3 地面气象观测业务技术规定（2016 版，部分）

1．观测时次

（1）国家级地面气象观测站自动观测项目每天 24 次定时观测。

（2）基准站、基本站人工定时观测次数为每日 5 次（08 时、11 时、14 时、17 时、20 时），一般站人工定时观测次数为每日 3 次（08 时、14 时、20 时）。

2．观测项目（见表 2.1）

（1）各台站均须观测的项目：能见度、天气现象、气压、气温、湿度、风向、风速、降水、日照、地温（含草温）、雪深。

（2）由国务院气象主管机构指定台站观测的项目：云、浅层和深层地温、蒸发、冻土、电线积冰、辐射、地面状态。

（3）由省级气象主管机构指定台站观测的项目：雪压、根据服务需要增加的观测项目。

（4）有两套自动站（包括便携式自动站）的观测站，撤除气温、相对湿度、气压、风速风向、蒸发专用雨量筒、地温等人工观测设备；仅有一套自动站的观测站，仍保留现有人工观测设备。

（5）云高、能见度、雪深、视程障碍类天气现象、降水类天气现象等自动观测设备已正式投入业务运行的观测站，取消相应的人工观测。

表 2.1 定时人工观测项目表

站　类	北　京　时			真 太 阳 时
	08 时	11 时、14 时、17 时	20 时	日　落　后
基准站 基本站	总云量 低云量 云高 能见度 冻土 雪深 雪压 降水量（结冰期）	总云量 低云量 云高 能见度	总云量 低云量 云高 能见度 日蒸发量（结冰期） 降水量（结冰期）	日日照时数
一般站	能见度 冻土 雪深 雪压 降水量（结冰期）	能见度	能见度 降水量（结冰期）	日日照时数
人工观测的天气现象白天需连续观测，夜间应尽量判断记录。 结冰期且无称重降水传感器的观测站需定时人工观测降水量。				

3．观测任务与流程

（1）每日观测任务

① 每日日出后和日落前巡视观测场和仪器设备，确保仪器设备工作状态良好、采集器和计算机运行正常、网络传输畅通。具体时间各站自定，站内统一。

② 每日定时观测后，登录 MDOS、ASOM 平台查看本站数据完整性，根据系统提示疑误信息，及时处理和反馈疑误数据；按要求填报元数据信息、维护信息、系统日志等。

③ 逐时上传地面小时数据文件、辐射数据文件，按规定上传加密数据文件。

④ 按规定编发重要天气报告。

⑤ 电线积冰观测时间不固定，以能测得一次过程的最大值为原则。

⑥ 日落后换日照纸，20 时后至 23 时 45 分上传日照数据文件。

⑦ 每日 20 时后上传当日分钟数据文件；检查当日数据是否齐全，并做好数据文件的备份；00 时后自动上传日数据文件（现行业务软件利用霾日统计算法在 00 时后对日数据文件中的天气现象段进行自动订正上传）。已自动发送的日数据异常时，在次日 08 时前利用业务软件更正上传。

⑧ 自动站设备出现故障时，按照《综合气象观测系统运行监控业务职责流程（试行）》（气测函〔2010〕235 号）填报 ASOM 系统。

⑨ 守班期间，因硬件故障导致整套自动站无法正常工作，经排查在 1 小时内无法恢复时，及时启用备份自动站或便携式自动站。无备份自动站或便携式自动站的，仅在定时观测时次进行人工补测。

⑩ 每日监测并记录探测环境变化情况，探测环境有变化应及时上报。

（2）定时观测流程

① 45～60 分观测云、能见度、雪深、雪压、冻土及其他人工观测项目，连续观测天气现象。

② 正点前 10 分钟查看显示的自动观测实时数据是否正常。

③ 00 分，进行正点数据采样。

④ 00～01 分，完成自动观测项目的观测，并显示正点定时观测数据，发现有缺测或异常时及时按有关规定处理。

⑤ 01～03 分，向微机内录入人工观测数据。

⑥ 03～05 分，查询监控数据文件传输。

4．观测与记录

（1）云

基准站、基本站观测云量、云高，不观测云状，云高前不记录云状。一般站不进行云的观测。因雪、雾、轻雾使天空的云量无法辨明或不能完全辨明时，总、低云量记 10；可完全辨明时，按正常情况记录。

因霾、浮尘、沙尘暴、扬沙等视程障碍现象使天空云量全部或部分不明时，总、低云量记"−"，若透过这些天气现象能完全辨明云量时，则按正常情况记录。

（2）能见度

人工观测能见度记录以千米（km）为单位，取一位小数，第二位小数舍去，不足 0.1 km 记 0.0。自动观测能见度记录以米（m）为单位，取整数。最小能见度记录以米（m）为单位，取整数。自动观测能见度数据有 1 min 能见度值（瞬时值）和 10 min 平均值。

（3）天气现象

观测和记录的天气现象有 21 种：雨、阵雨、毛毛雨、雪、阵雪、雨夹雪、阵性雨夹雪、冰雹、露、霜、雾凇、雨凇、雾、轻雾、霾、沙尘暴、扬沙、浮尘、大风、积雪、结冰。

① 记录规定

a．已实现自动观测的天气现象每天 24 小时连续观测。

未实现自动观测的天气现象白天（08～20 时）保持人工连续观测，夜间（20～08 时）现象应尽量判断记录，只记符号，不记起止时间。

b．夜间降水类天气现象应与降水量保持一致，避免出现有降水量但无降水现象的记录。

c．由于降水现象影响人工观测能见度小于 10.0 km，不必加记视程障碍天气现象。

② 视程障碍类天气现象

能见度自动观测已正式业务运行的观测站，视程障碍类天气现象由软件自动判别，取消该类天气现象人工观测。视程障碍类天气现象自动判别的台站，扬沙、浮尘、轻雾、霾的能见度判别阈值为 7.5 km，沙尘暴、雾的能见度判别阈值为 0.75 km，能见度人工观测的台站其判别阈值为 10.0 km 和 1.0 km。

观测人员要参考上游天气状况、卫星云图及本地大气成分监测数据，结合本站地面气象观测数据对视程障碍类天气现象进行综合判识。定时时次对视程障碍类天气现象自动判识结果、现在天气现象编码和连续天气现象进行人工确认。

霾现象自动观测的台站，若日内现在天气现象的霾记录持续 6 个（含）以上时次，则当日日数据文件连续天气现象段记霾。日内霾现象持续记录不足 6 个时次，但 20 时日界前后达 6 个（含）以上时次时，若日界前（后）持续霾现象记录达 4 个（含）以上时次则在相应日记霾；若日界前和日界后持续霾记录均为 3 个时次，只在日界前记霾。08 时白天与夜间栏记录霾的原则同 20 时日界处理。若某时次现在天气现象缺测，则该时次按无霾现象记录处理。

（4）湿度

严格执行湿度传感器月维护制度，每月清洁保护罩，确保测量准确性。禁止触摸传感器感应部分，以免影响正常感应。

（5）降水

非结冰期，所有降水记录原则上以翻斗雨量传感器为准，称重降水传感器或备份站翻斗雨量传感器作为备份，取消人工观测。无自动观测设备备份的观测站，保留人工观测作为备份。

结冰期，所有降水观测记录以称重降水传感器为准，人工观测为备份；无称重降水传感器的观测站，以人工观测记录为准。

有自动观测记录时，08 时、20 时定时降水量以自动观测数据为准；无自动观测记录时，08 时、20 时定时降水量以人工观测记录为准。

（6）蒸发

① 基准站、基本站保留蒸发观测，一般站不进行蒸发观测。

② 蒸发自动观测已正式业务运行的观测站，取消非结冰期的大型蒸发人工观测。

③ 蒸发自动观测的台站，降水期间不加盖，但应及时取水，防止因降水过多发生溢流。

④ 使用 E-601B 型蒸发器、冬季结冰期较长的台站应保留小型蒸发器安装支架，冬季结冰或大型蒸发皿出现故障时使用小型蒸发，两种仪器切换时间应选在结冰开始和化冰季节的月末 20 时观测后进行。

（7）雪深雪压

① 气象局观测业务主管机构应根据本省积雪出现的历史最早（晚）时间和分布情况，统一要求提前启用（停用）自动雪深传感器。

② 自动观测雪深又承担雪压观测的台站，根据雪深自动观测记录，按《地面气象观测规范》的规定人工观测雪压。

（8）电线积冰

① 电线积冰架安装在观测场外，选择观测场附近空旷、平整、适宜观测的场地，按照现有要求架设。

② 电线积冰架上的观测导线为直径 26.8 mm 的电缆。

③ 有电线积冰观测任务的台站，应视机测定每次积冰过程的最大直径和厚度，以毫米（mm）为单位，取整数。

当所测的直径达到以下数值时，还需要测定一次积冰的最大重量，以克/米（g/m）为单位，取整数：

单纯的雾凇   38 mm

雨凇、湿雪冻结物或包括雾凇在内的混合积冰   31 mm

（9）辐射

① 承担辐射观测任务的台站，辐射表夜间可不加盖，但应在北京时 08 时前检查直接辐射表跟踪（对光点）、散射辐射表感应面遮蔽和净全辐射表薄膜罩状况。

② 若日极值出现时间恰为 24 时，对于辐射极值，一律记录为 24 时 00 分，其他要素记录为 24 时 00 分和 00 时 00 分均可。

第3章

地面气象观测场选址与仪器布设

3.1 地面气象观测场选址的要求

（1）地面气象观测场是取得地面气象资料的主要场所，地点应设在能较好地反映本地较大范围的气象要素特点的地方，避免局部地形的影响。观测场四周必须空旷平坦，避免建在陡坡、洼地或邻近有铁路、公路、工矿、烟囱、高大建筑物的地方。避开地方性雾、烟等大气污染严重的地方。

地面气象观测场四周障碍物的影子应不会投射到日照和辐射观测仪器的受光面上，附近没有反射阳光强的物体。

（2）在城市或工矿区，观测场应选择在城市或工矿区最多风向的上风方。

（3）地面气象观测场的周围环境应符合《中华人民共和国气象法》以及有关气象观测环境保护的法规、规章和规范性文件的要求。

（4）地面气象观测场的环境必须依法进行保护。

（5）地面气象观测场周围观测环境发生变化后要进行详细记录。新建、迁移观测场或观测场四周的障碍物发生明显变化时，应测定四周各障碍物的方位角和高度角，绘制地平圈障碍物遮蔽图。

（6）无人值守气象站和机动气象观测站的环境条件可根据设站的目的自行掌握。

3.2 观测场

（1）观测场一般为 25 m×25 m 的平整场地；确因条件限制，也可取 16 m（东西向）×20 m（南北向），高山站、海岛站、无人站不受此限；需要安装辐射仪器的台站，可将观测场南边缘向南扩展 10 m。

（2）要测定观测场的经纬度（精确到分）和海拔高度（精确到 0.1 m），其数据刻在观测场内固定标志上。

（3）观测场四周一般设置约1.2 m高的稀疏围栏，围栏不宜采用反光太强的材料。观测场围栏的门一般开在北面。场地应平整，保持有均匀草层（不长草的地区例外），草高不能超过 20 cm。对草层的养护，不能对观测记录造成影响。场内不准种植作物。

（4）为保持观测场地的自然状态，场内铺设 0.3～0.5 m 宽的小路（不得用沥青铺面），人员只准在小路上行走。有积雪时，除小路上的积雪可以清除外，应保护场地积雪的自然状态。

（5）根据场内仪器布设位置和线缆铺设需要，在小路下修建电缆沟（管），电缆沟（管）应做到防水、防鼠，便于维护。

（6）观测场的防雷设施必须符合气象行业规定的防雷技术标准的要求。

3.3　观测场内仪器设施的布置

观测场内仪器设施的布置要注意互不影响，便于观测操作。具体要求：

（1）高的仪器设施安置在北边，低的仪器设施安置在南边；

（2）各仪器设施东西排列成行，南北布设成列，相互间东西间隔不小于 4 m，南北间隔不小于 3 m，仪器距观测场边缘护栏不小于 3 m；

（3）仪器安置在紧靠东西向小路南面，观测员应从北面接近仪器；

（4）辐射观测仪器一般安装在观测场南面，观测仪器感应面不能受任何障碍物影响；

（5）因条件限制不能安装在观测场内的辐射观测仪器，总辐射、直接辐射、散射辐射、日照以及风观测仪器可安装在天空条件符合要求的屋顶平台上，反射辐射和净全辐射观测仪器安装在符合条件的有代表性下垫面的地方；

（6）观测场内仪器的布置可参考图3.1；

（7）仪器设备安装和维护、检查按表3.1的要求进行；

（8）北回归线以南的地面气象观测站观测场内设施的布置可根据太阳位置的变化灵活掌握，使观测员的观测活动尽量减少对观测记录代表性和准确性的影响。

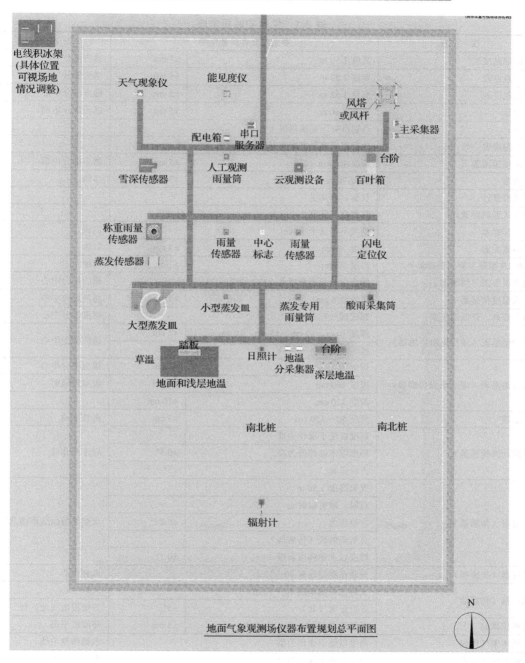

电线积冰架
(具体位置
可视场地
情况调整)

天气现象仪　　　能见度仪

风塔
或风杆

主采集器

配电箱　串口
服务器

台阶

雪深传感器　　人工观测
雨量筒　　　云观测设备　　百叶箱

称重雨量
传感器

蒸发传感器

雨量
传感器　中心
标志　雨量
传感器　闪电
定位仪

大型蒸发皿

小型蒸发皿　蒸发专用
雨量筒　酸雨采集筒

踏板

草温

日照计　地温
分采集器　深层地温

台阶

地面和浅层地温

南北桩　　　　　南北桩

辐射计

地面气象观测场仪器布置规划总平面图

N

图 3.1　地面气象观测场仪器布置规划总平面图

表 3.1　仪器安装要求表

仪　器	要求与允许误差范围		基　准　部　位
干湿球温度表	高度 1.50 m	±5 cm	感应部分中心
最高温度表	高度 1.53 m	±5 cm	感应部分中心
最低温度表	高度 1.52 m	±5 cm	感应部分中心
温度计	高度 1.50 m	±5 cm	感应部分中部
湿度计	在温度计上层横隔板上		
毛发湿度表	上部固定在温度表支架上的横梁上		
温湿度传感器	高度 1.50 m	±5 cm	感应部分中部
雨量器	高度 70 cm	±3 cm	口缘
虹吸雨量计	仪器自身高度		
翻斗式遥测雨量计	仪器自身高度		
雨量传感器	高度不得低于 70 cm		口缘
小型蒸发器	高度 70 cm	±3 cm	口缘
E-601B 型蒸发器（传感器）	高度 30 cm	±1 cm	口缘
地面温度表（传感器）	感应部分和表身埋入土中一半		感应部分中心
草面温度传感器	离地面 6 cm	±1 cm	感应部分中心
地面最高、最低温度表	感应部分和表身埋入土中一半		感应部分中心
曲管地温表（浅层地温传感器）	深度 5 cm、10 cm、15 cm、20 cm	±1 cm	感应部分中心
	倾斜角 45°	±5°	
直管地温表（深层地温传感器）	深度 40 cm、80 cm	±3 cm	感应部分中心
	深度 160 cm	±5 cm	表身与地面
	深度 320 cm	±10 cm	
冻土器	深度 50～350 cm	±3 cm	内管零线
日照计（传感器）	高度以便于操作为准		底座南北线
	纬度以本站纬度为准	±0.5°	
	方位正北	±5°	
辐射表（传感器）	支架高度 1.50 m		支架安装面底座南北线
	直射、散射辐射表		
	方位正北	±0.25°	
	直射辐射表（传感器）		
	纬度以本站纬度为准	±0.1°	
风速器（传感器）	安装在观测场高 10～12 m		风杯中心
风向器（传感器）	安装在观测场高 10～12 m		风标中心
	方位正南（北）	±5°	方位指南（北）杆
电线积冰架	上导线高度 220 cm	±5 cm	导线水平面
定槽水银气压表	高度以便于操作为准		水银槽盒中线
动槽水银气压表	高度以便于操作为准		象牙针尖
气压计（传感器）	高度以便于操作为准		感应部分中心
采集器箱	高度以便于操作为准		

第4章

主要气象要素的观测

气象观测内容主要有温度、湿度、压力、风、大气湍流、蒸发、云、降水、辐射、大气能见度、大气电场、大气电导率，以及雷电、虹、晕、大气气体成分浓度、气溶胶等，包括地面气象观测、高空气象观测、大气遥感探测和气象卫星探测等。由各种手段组成的气象观测系统，能观测从地面到高层、从局地到全球的大气状态及其变化。

教学课程实践主要开展的是地面气象观测。利用气象仪器和目力，对靠近地面的大气层的气象要素值，以及对自由大气中的一些现象进行观测。

地面气象观测的内容很多，包括气温、气压、空气湿度、风向风速、云、能见度、天气现象、降水、蒸发、日照、雪深、地温、冻土、电线结冰等。

4.1 气温和湿度的观测

空气温度（简称气温，下同）是表示空气冷热程度的物理量。空气湿度（简称湿度，下同）是表示空气中的水汽含量和潮湿程度的物理量。地面观测中测定的是离地面1.50 m 高度处的气温和湿度。

气温包括定时气温，日最高、日最低气温。配有温度计的气象站应作气温的连续记录。以摄氏度（℃）为单位，取一位小数。

湿度包括水汽压（e），表示空气中水汽部分作用在单位面积上的压力。以百帕（hPa）为单位，取一位小数。

相对湿度（U）：空气中实际水汽压与当时气温下的饱和水汽压之比。以百分数（%）表示，取整数。

露点温度（Td）：空气在水汽含量和气压不变的条件下，降低气温达到饱和时的温度。以摄氏度（℃）为单位，取一位小数。

测量气温和湿度的仪器主要有干球温度表、湿球温度表、最高温度表、最低温度表、毛发湿度表、通风干湿表、温度计和湿度计、铂电阻温度传感器和湿敏电容湿度传感器。

4.2　气压的观测

　　气压是作用在单位面积上的大气压力，即等于单位面积上向上延伸到大气上界的垂直空气柱的重量。气压以百帕（hPa）为单位，取一位小数。

　　人工观测时，定时观测要计算本站气压，编发天气报告的时次还须计算海平面气压。测定气压主要用动槽式和定槽式水银气压表。配有气压计的，应作气压连续记录，并挑选气压的日极值（最高、最低）。自动观测时，测定气压的仪器用电测气压传感器，自动测定本站气压、挑选本站气压的日极值（最高、最低）、计算海平面气压。

　　气象站常用的仪器有动槽式水银气压表和定槽式水银气压表两种。它是利用作用在水银面上的大气压力，以与之相通、顶端封闭且抽成真空的玻璃管中的水银柱对水银面产生的压力相平衡的原理而制成的。现场气压观测常用空盒气压表观测。

4.3　风速和风向的观测

　　空气运动产生的气流称为风，是由许多在时空上随机变化的小尺度脉动叠加在大尺度规则气流上的一种三维矢量。地面气象观测中测量的风是两维矢量（水平运动），用风向和风速表示。风向是指风的来向，最多风向是指在规定时间段内出现频数最多的风向。人工观测，风向用十六方位法；自动观测，风向以度为单位。风速是指单位时间内空气移动的水平距离。风速以米/秒（m/s）为单位，取一位小数。最大风速是指在某个时段内出现的最大 10 min 平均风速值。极大风速（阵风）是指某个时段内出现的最大瞬时风速值。瞬时风速是指 3 s 的平均风速。风的平均量是指在规定时间段的平均值，有 3 s、2 min 和 10 min 的平均值。人工观测时，测量平均风速和最多风向。配有自记仪器的要作风向风速的连续记录并进行整理。

　　自动观测时，测量平均风速、平均风向、最大风速、极大风速。测量风的仪器主要有 EL 型电接风向风速计、EN 型系列测风数据处理仪、海岛自动测风站、轻便风向风速表、单翼风向传感器和风杯风速传感器等。

　　轻便风向风速表，是测量风向和 1 min 内平均风速的仪器，它用于野外考察或气象站仪器损坏时的备份。

4.4　云的观测

1. 概述

　　云是悬浮在大气中的小水滴、过冷水滴、冰晶或它们的混合物组成的可见聚合体，有时也包含一些较大的雨滴、冰粒和雪晶。其底部不接触地面。

云的观测主要包括判定云状、估计云量、测定云高和选定云码。云的观测应尽量选择在能看到全部天空及地平线的开阔地点或平台进行，云的观测应注意它的连续演变。观测时，如阳光较强，须戴黑色（或暗色）眼镜。

2. 云状

按云的外形特征、结构特点和云底高度，将云分为 3 族、8 属、26 类（见表 4.1）。

表 4.1　云状分类表

云　族	云　属		云　类	
	学　名	简　写	学　名	简　写
低云	积云	Cu	淡积云	Cu hum
			碎积云	Fc
			浓积云	Cu cong
	积雨云	Cb	秃积雨云	Cb calv
			鬃积雨云	Cb cap
	层积云	Sc	透光层积云	Sc tra
			蔽光层积云	Sc op
			积云性层积云	Sc cug
			堡状层积云	Sc cast
			荚状层积云	Sc lent
	层云	St	层云	St
			碎层云	Fs
	雨层云	Ns	雨层云	Ns
			碎雨云	Fn
中云	高层云	As	透光高层云	As tra
			蔽光高层云	As op
	高积云	Ac	透光高积云	Ac tra
			蔽光高积云	Ac op
			荚状高积云	Ac lent
			积云性高积云	Ac cug
			絮状高积云	Ac flo
			堡状高积云	Ac cast
高云	卷云	Ci	毛卷云	Ci fil
			密卷云	Ci dens
			伪卷云	Ci not
			钩卷云	Ci unc

4.5 能见度的观测

能见度用气象光学视程表示。气象光学视程是指白炽灯发出色温为 2700 K 的平行光束的光通量在大气中削弱至初始值的 5%所通过的路途长度。

白天能见度是指视力正常（对比感阈值为 0.05）的人，在当时天气条件下，能够从天空背景中看到和辨认的目标物（黑色、大小适度）的最大距离。实际上也是气象光学视程。

夜间能见度是指：

（1）假定总体照明增加到正常白天水平，适当大小的黑色目标物能被看到和辨认出的最大距离。

（2）中等强度的发光体能被看到和识别的最大距离。

所谓"能见"，在白天是指能看到和辨认出目标物的轮廓和形体；在夜间是指能清楚看到目标灯的发光点。凡是看不清目标物的轮廓，认不清其形体，或者所见目标灯的发光点模糊，灯光散乱，都不能算"能见"。

人工观测能见度，一般指有效水平能见度。有效水平能见度是指四周视野中二分之一以上的范围能看到的目标物的最大水平距离，能见度观测仪测定的是一定基线范围内的能见度，能见度观测记录以千米（km）为单位。

4.6 天气现象的观测

天气现象是指发生在大气中、地面上的一些物理现象，包括降水现象、地面凝结现象、视程障碍现象、雷电现象和其他现象等，这些现象都是在一定的天气条件下产生的。对天气现象必须随时进行观测和记录。对某些天气现象所造成的灾害，还应及时进行调查记载。常用天气现象的特征和符号见表 4.3。

表 4.3　天气现象符号

现象名称	符号	代码	现象名称	符号	代码	现象名称	符号	代码	现象名称	符号	代码
雨	•	60	冰粒	△	79	雪暴	✚	39	大风	⧟	15
阵雨	▽̇	80	冰雹	△	89	烟幕	⊓	04	飑	∀	18
毛毛雨	,,	50	露	Ω	01	霾	∞	05	龙卷	)(	19
雪	✳	70	霜	⊔	02	沙尘暴	⧕	31	尘卷风	⧖	08
阵雪	⩘	85	雾凇	V	48	扬沙	$	07	冰针	↔	76
雨夹雪	✳̇	68	雨凇	∽	56	浮尘	S	06	积雪	⊠	16
阵性雨夹雪	⩘̇	83	雾	≡	42	雷暴	⍐	17	结冰	⊔	03
雹	✕	87	轻雾	=	10	闪电	⌐	13			
米雪	△	77	吹雪	⊹	38	极光	⍋	14			

4.7　辐射的观测

1. 太阳与地球辐射

气象站的辐射测量，包括太阳辐射与地球辐射两部分。

地球上的辐射能来源于太阳，太阳辐射能量的 99.9%集中在 0.2～10 μm 的波段，其中波长短于 0.4 μm 的称为紫外辐射，0.4～0.73 μm 的称为可见光辐射，而长于 0.73 μm 的称为红外辐射。此外，太阳光谱在 0.29～3.0 μm 范围，称为短波辐射，目前气象站主要观测这部分太阳辐射。

地球辐射是地球表面、大气、气溶胶和云层所发射的长波辐射，波长范围为 3～100 μm。地球平均温度约为 300 K。地球辐射能量的 99%的波长大于 5 μm。

2. 辐射测量单位

① 辐照度 E：在单位时间内，投射到单位面积上的辐射能，即观测到的瞬时值。单位为瓦·米$^{-2}$（W·m^{-2}），取整数。

② 曝辐量 H：指一段时间（如一天）辐照度的总量或称累计量。单位为兆焦·米$^{-2}$（MJ·m^{-2}），取两位小数，$1\,MJ = 10^6\,J = 10^6\,WS$。

3. 气象辐射量

（1）太阳短波辐射

a. 垂直于太阳入射光的直射辐射 S：包括来自太阳面的直接辐射和太阳周围一个非常狭窄的环形天空辐射（环日辐射），可用直接辐射表测量。

b. 水平面太阳直接辐射 S_L，S_L 与 S 的关系为

$$S_L = S \cdot \sin H_A = S \cdot \cos Z$$

式中，H_A 为太阳高度角，Z 为天顶距（$Z = 90 - H_A$）。

c. 散射辐射 $E_d \downarrow$：散射辐射是指太阳辐射经过大气散射或云的反射，从天空 2π 立体角以短波形式向下到达地面的那部分辐射。可用总辐射表遮住太阳直接辐射的方法测量。

d. 总辐射 $E_g \downarrow$：总辐射是指水平面上，从天空 2π 立体角内所接收到的太阳直接辐射和散射辐射之和。可用总辐射表测量

$$E_g \downarrow = S_L + E_d \downarrow$$

白天太阳被云遮蔽时，$E_g \downarrow = E_d \downarrow$，夜间 $E_g \downarrow = 0$。

e．短波反射辐射 $E_r \uparrow$：总辐射到达地面后被下垫面（作用层）向上反射的那部分短波辐射。可用总辐射表感应面朝下测量。

下垫面的反射本领以它的反射比 E_k 表示

$$E_k = \frac{E_r \uparrow}{E_g \downarrow}$$

（2）太阳常数 S_0

在日地平均距离处，地球大气外界垂直于太阳光束方向上接收到的太阳辐照度，称为太阳常数，用 S_0 表示。1981 年，世界气象组织（WMO）推荐的太阳常数的最佳值是 $S_0 = 1367 \pm 7\,\mathrm{W \cdot m^{-2}}$。

（3）地球长波辐射

a．大气长波辐射 $E_L \downarrow$：大气以长波形式向下发射的那部分辐射或称大气逆辐射。

b．地面长波辐射 $E_L \uparrow$：地球表面以长波形式向上发射的辐射（包括地面长波反射辐射）。它与地面温度有密切联系。

（4）全辐射

短波辐射与长波辐射之和称为全辐射。波长范围为 $0.29 \sim 100\,\mathrm{\mu m}$。

（5）净全辐射 E^*（辐射平衡）

太阳与大气向下发射的全辐射和地面向上发射的全辐射之差值，也称为净辐射或辐射差额。其表示式为：

净全波辐射　$E^* = E_g \downarrow + E_L \downarrow - E_r \uparrow - E_L \uparrow$

净短波辐射　$E_g^* = E_g \downarrow - E_r \uparrow$

净长波辐射　$E_l^* = E_L \downarrow - E_L \uparrow$

以上各种辐射，如图 4.1 所示。

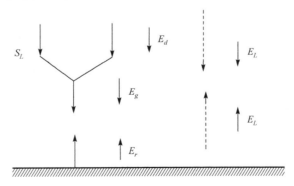

图 4.1 各种辐射示意图

第 5 章

小气候观测

5.1　小气候的概念

　　小气候是在具有相同的大气候特点的范围内，在局部地区，由于地形房屋、土壤条件和植被不一致，使该地区具有独特的气候状况。这种在小范围内，由于下垫面构造和特性不同，使热量和水分收支不一样，形成近地层与大气候所不同的特殊气候，称为小气候。

　　小气候的形成，主要决定于下垫面的太阳辐射平衡、热量平衡、水分平衡，以及近地层的乱流交换、土壤的热交换。形成小气候差异的因素有测点的坡向、坡度，下垫面的特征，地平面的遮蔽程度和天气条件等。

　　小气候是因下垫面性质不同，或人类和生物的活动所造成的小范围的气候。在一个地区的每一块地方（如农田、温室、仓库、车间、庭院等）都要受到该地区气候条件的影响，同时因下垫面性质不同、热状况各异，又有人的活动等，就会形成小范围特有的气候状况，小气候中的温度、湿度、光照、通风等条件，直接影响作物的生长、人类的工作环境、家庭的生活情趣等。可通过一定的技术措施在一定的范围内改善小气候，使其朝着人类的意愿变化，以便影响作物的产量和品质。

　　小气候对人类和自然界的影响很大。因为人类绝大多数活动都在近地面层内进行，与人类生活有密切关系的动物和植物也生长在这一层，而这里的气候又最容易按照人类需要的变更。例如，绿化、灌溉、改变土壤、改造小地形、营造防护林和设置风障等，都可以改变地表附近的水热状况，从而改变当地的小气候，使其符合人类的需要。

　　由于在近地气层中的小气候，都是由于下垫面特性和构造不同，引起热量平衡和水分平衡各分量的变化而形成的，所以人工改造小气候的途径，就是设法改变下垫面的构造特性（如粗糙性、辐射特性、热力学特性、湿润状况和微地形等），来改变辐射平衡和热量平衡的某些分量。

　　通过改变下垫面的辐射特性、改变土壤的热力性质、覆盖土壤、改造小地形、人工控制风、人工控制蒸发和采取适当栽培技术等措施，都能有效地改造小气候，让小气候中的温度、湿度和风等气候要素朝着有利于人类生活和生产的方向改变。

小气候特征影响水平范围是随下垫面均一性而定的，铅直方向一般是从下垫面几米甚至百米高度，越接近下垫面，小气候特征越显著。随着远离下垫面，小气候效应逐渐减弱，到达某一高度以上，小气候效应就完全消失了。

正如 L. J. 贝顿（Batten）所指出的，小气候是代表从地面到不受地面影响高度的气候（几十米或 100 米的高度）。这一层是人类生活和动植物生长的区域和空间，人类的生产和生活活动、植物的生长和发育都深刻影响着小气候。在某些文献上有"近地层气候"、"植物层气候"等名称，实际上都属于同一概念。

小气候现象主要发生在近地大气层和近地土壤中，而该范围正是人类生产生活和社会活动的空间，以及动植物生存的主要场所，所以小气候与人类的生产和生活有着紧密联系，研究小气候具有很大实用意义。

通过观测小气候现象，了解不同下垫面所产生的不同小气候效应对环境、生产和生活的影响，揭示不同小气候气象特征，进一步为改善小气候环境提供各种技术措施。

同时，我们还可以利用小气候知识为人类服务。例如，在城市中合理种植花卉、绿化庭院，由此改善城市下垫面的情况，可以使城市居民住宅或工厂区的小气候条件得到相对改善、减少空气污染。

5.2 小气候的特点

与大气候相比，小气候具有范围小、差别大和很稳定这三项主要特点；另外，小气候现象也同时具有变化快和日变化剧烈的特点。

这些特点是由小气候现象的特殊性决定的。小气候的特点的表现程度随时间、季节而不同，一般在白天和夏季表现强烈，在夜间和冬季表现弱一些。

小气候现象的铅直和水平尺度都很小。在铅直方向上，它的尺度主要在 2 m 以内，少数可以达到 100 m 以内的高度。也就是在人类活动和动植物生存的主要空间里。在水平方向上，它的尺度只有几毫米到几十千米。

由于小气候范围小，所以常规气象站网的分布密度和观测项目都不能满足观测小气候工作的需要，同时也不能反映小气候差异。因此，小气候观测属于特殊的观测，要在对小气候研究的时候，必须专门设置密度大、观测次数多的测点，同时对仪器精度的要求相对较高。小气候的观测项目也随研究目的不同而不统一。

小气候现象中温度、湿度与风等各个气象要素无论铅直方向、水平方向或时间变化的差异都很大，具有显著的日变化和脉动现象。例如，在靠近地面的贴地层内，温度在铅直方向递减率往往比上层大 2～3 个量级。并且，在越接近下垫面的位置，小气候变化的差

异越显著。例如，当离地面 2 m 处温度日较差 10℃时，地面温度日较差可达 20℃以上；在沙漠地面，高差几厘米，温差甚至可达几十度。因此，在小气候现象中要进行梯度观测，同时也要进行对比观测和日变化观测，对观测仪器也有特殊要求。

小气候规律较稳定。由于小气候现象的尺度小，所产生的小气候差异不易被混合，只要各种作用面的构造特性存在差异，就会形成不同的小气候特点。因此，各种小气候现象差异是比较稳定的，几乎经常如此。

由于小气候具有很稳定的特点，可以寻找小气候现象的变化规律，为小气候现象的观测提供很大的方便。只要形成小气候的下垫面物理性质不变，它的小气候差异也就不变。因此，我们有可能通过短时间的湿地观测来了解某种小气候的特点，而且还可能作适当的外推。

所以，小气候现象观测总是短期的、季节性的，一般不必像气象台站一样成年累月进行观测。故小气候现象的观测一般是采取非定位观测（也称短期流动观测）的方法，只有在某些特殊的情况下（例如研究森林生长发育整个过程与小气候的关系、研究森林的水温气象效益等问题），才采用较长时间的定位观测方法。

在小气候范围内，温度、湿度或风速随时间的变化都比大气候快，具有脉动性。例如，M. N. 戈尔兹曼曾在 5 cm 高度上，25 min 内测得温度最大变幅为 7.1℃。小气候日变化越剧烈、越接近下垫面，温度、湿度、风速的日变化越大。例如，夏日地表温度日变化可达 40℃，而 2 m 高处只有 10℃。

5.3　小气候的分类

由于下垫面特性和构造多种多样，形成了各种各样的小气候。根据下垫面的不同，将小气候分为地形小气候、森林小气候、防护林小气候、城市小气候、农田小气候和湖泊小气候等类型。同是森林，有针叶林和阔叶林的差别，树种组成密度、林分结构上也有差别；同是苗圃，生长不同的苗木，有着不同的土壤条件、耕作和栽培措施；同是坡地，有坡向、坡度和植被状况的差别。这些差别，在小范围内就可以产生不同的小气候类型。

1. 地形小气候

地形差异是引起小气候差异的主要原因之一。由于山区的地形形态、山脉走向、坡地方位和坡度的不同，不仅影响光照时间和辐射强度，也容易使气流产生变形，从而使山顶和谷地以及不同坡地上获得的热量、水分和风（乱流交换）发生差异，造成不同的生态环境，直接影响到植被分布。我国海拔 500 m 以下的平原面积约占国土面积的 16%，大部分是山区，所以研究地形小气候，对开发利用山地气候资源、发展农林牧生产具有实际意义。

2．森林小气候

森林小气候是指由森林以及林冠下灌木丛和草被等形成的一种特殊小气候。在森林小气候的形成中，组成森林的树木品种、林龄、结构、郁闭度以及灌木层和草被的特性等，都起着很大的作用。由于森林的存在和影响，在林内表现出太阳辐射减少、气温日变化缓和、空气湿度和降水量增大以及风速减小等小气候特征。此外，森林小气候还与四周气候条件、地形特征和土壤性质等有关。

3．防护林小气候

营造防护林是人工改造小气候的一种有效措施，它使林网间各种气候要素朝着人们期望的方向发展，形成特殊的防护林小气候，能有效地防风固沙，防止吹雪、平流、风砂、霜冻等恶劣天气现象的发生和水土流失的危害，达到改良土壤、净化空气、改善农田生态环境、促进农业增产的目的。

4．城市小气候

城市下垫面是一个人造的下垫面，其特点是人为的建筑（房屋、道路、工厂、广场等）面积占有绝对优势，市民的生产、生活活动排放出大量废气，燃烧和生物同化作用释放大量人为热。在这些因素的影响下，城市出现了与郊区截然不同的局地气候，称为城市小气候。

城市气候的主要特征是"城市热岛"现象。"城市热岛"即城市内部气温比郊区高，城、郊气温差称为热岛强度。城市热岛主要是由大量人为热排放造成的。

除城市热岛现象外，城市气候中还有"干岛"、"雨岛"等现象。城市空气的水汽压比郊区水汽压平均低 $0.3\sim0.7$ hPa，相对湿度低 $4\%\sim6\%$。由于城市上空存在大量凝结核，加上热岛效应以及城市粗糙表面的阻碍作用，气流作上升运动。因此，城市上空的云量和降水均比郊区多。

通过对单点太阳辐射、空气温度、湿度、土壤温度、气压、风等气象要素的观测分析，了解这些气象要素的日变化规律；同时通过与不同小组间气象要素的对比分析，了解不同下垫面的小气候特征，掌握小气候的研究方法。

第 6 章

天气图及天气预报

6.1　天气图

　　天气图是指填写有各地同一时间气象要素的特制地图。在天气图底图上，填写有各城市、测站的位置以及主要的河流、湖泊、山脉等地理标志。气象科技人员根据天气分析原理和方法进行分析，揭示主要的天气系统、天气现象的分布特征和相互的关系。天气图是目前气象部门分析和预报天气的一种重要工具。

　　1820 年，德国 H. W. 布兰德斯将过去各地的气压和风的同时间观测记录填入地图，绘制了世界上第一张天气图。1851 年，英国 J. 格莱舍在英国皇家博览会上展出第一张利用电报收集各地气象资料而绘制的地面天气图，是近代地面天气图的先驱。20 世纪 30 年代，世界上建立高空观测网之后，才有高空天气图。

　　按天气图图面范围的大小，天气图分为全球天气图、半球天气图、洲际天气图、国家范围的天气图和区域天气图等。天气图上的气象观测记录，由世界各地的气象站用接近相同的仪器和统一的规范，在相同时间观测后迅速集中而得。地面天气图每天绘制 4 次，分别用北京时间 02 时、08 时、14 时、20 时（即世界时 18 时、00 时、06 时、12 时）的观测资料；高空天气图一天绘制两次，用北京时间 08 时、20 时（即世界时 00 时和12 时）的观测资料。

6.2　天气图分类

　　天气图一般分为地面天气图、高空天气图和辅助图三类。若按其性质，可分为：
　　①实况分析图。按实际观测记录绘制的天气图。
　　②预报图。根据天气分析或数值天气预报的结果绘制的未来 24、48、72 小时的天气形势预报图或天气分布预报图。
　　③历史天气图。根据实况分析图印刷出版的一种历史资料。此外，根据需要有时还绘

制不同时段（如旬、月、年）某气象要素平均值分布情况的平均图、对平均值的差值分布情况的距平图等。

（1）地面天气图

地面天气图也称地面图（见图6.1）。用于分析某大范围地区某时的地面天气系统和大气状况的图。在此图某气象站的相应位置上，用数值或符号填写该站某时刻的气象要素观测记录。所填的气象要素有：气温，露点，风向和风速，海平面气压和3小时气压倾向，能见度，总云量和低云量，高云、中云和低云的云状，低云高，现时天气和过去6小时内的天气，过去6小时降水量，特殊天气现象（如雷暴、大风、冰雹）等。根据各站的气压值绘等压线，分析出高、低气压系统的分布；根据温度、露点、天气分布，分析并确定各类锋的位置。这种天气图综合表示了某一时刻地面锋面、气旋、反气旋等天气系统和雷暴、降水、雾、大风和冰雹等天气所在的位置及其影响的范围。

（2）高空天气图

高空天气图也称高空等压面图或高空图（见图6.2）。用于分析高空天气系统和大气状况的图。某一等压面的高空图填写有各探空站或测风站在该等压面上的位势高度、温度、温度露点差、风向风速等观测记录。根据有关要素的数值分析等高线、等温线并标注各类天气系统。等压面图上的等高线表示某一时刻该等压面在空间的分布，反映高空低压槽、高压脊、切断低压和阻塞高压等天气系统的位置和影响的范围。

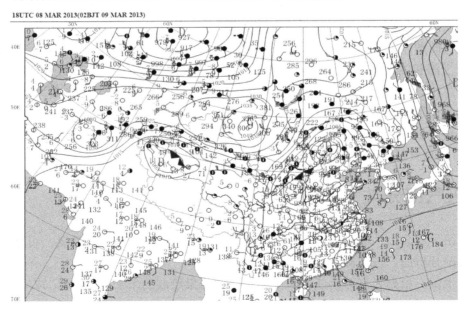

图6.1　地面天气图

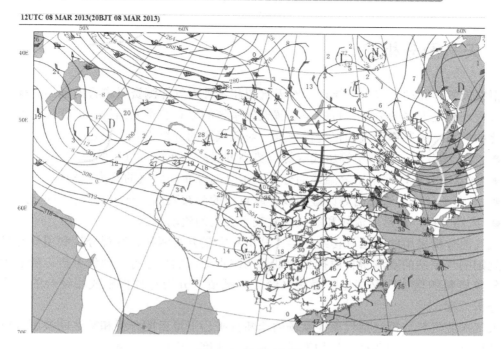

图 6.2　高空天气图

　　低压槽是在同高度上，气压低于毗邻三面而高于另一面的区域，在等压面（或等高面）图上，等高线（或等压线）呈近似平行的 V 形，Λ 形的低压槽又称倒槽。在低压槽中，等压线或等高线的气旋性曲率最大的各点连线即为该槽的槽线。槽线将低压槽分为两部分，低压槽前进方向的一侧为"槽前"，另一侧为"槽后"。一般，槽前有上升气流，多云雨天气；槽后有下沉气流，多晴好天气。高压脊简称脊，它是在海拔相同的平面上，气压高于毗邻三面而低于另一面的区域，在等压面（或等高面）图上等高线（或等压线）呈近似平行的 ∩ 形。在高压脊中，等压线或等高线的反气旋性曲率最大的各点连线即为脊线。等温线表示该等压面上的冷暖空气分布，它们同等高线配合，表征天气系统的动力和热力性质。有时在图上还绘有等风速线或等比湿线、等温度露点差线等，反映急流和湿度的空间分布。常用的有 850 hPa、700 hPa、500 hPa、300 hPa、200 hPa 和 100 hPa 等压面图，它们的平均海拔高度分别约为 1500 m、3000 m、5500 m、9000 m、12000 m 和 16 000 m。还有一种高空图称为厚度图，用于分析某两等压面间气层的厚度。这种厚度反映该气层平均温度的高低，气层厚的地区大气较暖，反之较冷。常用的有 1000 hPa 到 500 hPa 的厚度图。这种厚度图常叠加在 500 hPa 或 700 hPa 等压面图上，用以表示 500 hPa 或 700 hPa 图上的温度分布。

6.3　天气图分析

根据天气学和动力气象学原理，对天气图和各种大气探测资料进行的描述、操作、推断的过程，就是天气图分析。目的是了解天气系统的分布和空间结构、演变过程及其与天气变化的关系，为制作天气预报提供依据。对天气图的分析内容主要包括：

- 气压场分析，通常用等压线或等位势高度线的分布表示气压的空间分布。
- 气温场分析，通常用等温线的分布表示气温分布和大气的热力结构。
- 湿度场分析，通常用等比湿线或等露点线的分布表示大气中水汽含量的分布。
- 风场分析，通常用流线和等风速线表示大气的流动状态。

天气图分析采用的方法有传统的手工分析和客观分析两种。客观分析利用计算机将分布不规则的气象站的观测资料内插到规则的网络点上，然后进行等值线分析。随着大量非常规气象资料的增加，又提出了最优（统计）插值、分析与预报模式相结合的"四维同化"分析方案。

大气探测资料分析包括气象要素场的诊断分析、卫星云图分析和雷达回波图分析等。诊断分析是对某时刻的各种大气物理量，如垂直速度、涡度、散度、水汽通量、水汽通量散度、能量场等的计算，借以寻求其空间分布特征及其与天气系统发生、发展的关系。卫星云图分析是对气象卫星云图上的各种云系的性状、大范围分布和某些特征云型的分析，借以识别各类天气系统，判断其位置、强度、推断其发展趋势，估计降水和风，进而预报未来的天气。雷达回波图分析是对天气雷达回波的形态、强度、结构、分布和变化特征等的分析，借以了解云体和降水的性质与演变，测定降水强度和云中含水量。

6.4　天气预报

天气预报（测）或气象预报（测）是使用现代科学技术对未来某一地点地球大气层的状态进行预测。史前人类就已经开始对天气进行预测来相应地安排工作与生活（比如农业生产、军事行动等）。今天的天气预报主要是收集大量的数据（气温、湿度、风向和风速、气压等），使用目前对大气过程的认识（气象学）来确定未来空气变化。17 世纪以前人们通过观测天象、物象的变化，编成天气谚语，据以预测当地未来的天气。17 世纪以后，温度表和气压表等气象观测仪器相继出现，地面气象站陆续建立，这时主要根据单站气压、气温、风、云等要素的变化来预报天气。

1851 年，英国首先通过电报传送观测资料绘制成地面天气图，并根据天气图制作天气预报。20 世纪 20 年代开始，气团学说和极锋理论先后被应用在天气预报中；30 年代，无线电探空仪的发明、高空天气图的出现、长波理论在天气预报上的广泛应用，使天气演变的分析从二维发展到三维；40 年代后期，天气雷达的运用，为降水以及台风、暴雨、强风暴等灾害性天气的预报提供了有效的工具。

数值天气预报是利用大气运动方程组，在一定的初值和边值条件下对方程组进行积分，预报未来的天气。1921 年，Richardson 第一次尝试用数值的方法预报天气。因为计算工作量极为庞大，他组织了大量人力，设计了详细的计算表格，才得以完成，然而，预报结果却与实际大气的变化严重不符，原因是没有处理好大气中高频波的作用。1950 年，Charney 基于滤去高频波后的大气运动方程组，利用世界上第一台计算机 ENIAC，成功制作了 24 小时数值预报。随着计算机技术的发展、观测手段的进步，以及对大气物理过程认识的深入，数值天气预报取得很大进步，成为天气预报的主要手段。尤其是 20 世纪 60 年代发射气象卫星以来，卫星的探测资料弥补了海洋、沙漠、极地和高原等地区气象资料不足的缺陷，使天气预报的水平显著提高。

第7章

气候资料的统计分析

各气象要素的多年观测记录按不同方式进行统计，统计结果称为气候统计量，又称气候要素。它们是分析和描述气候特征及其变化规律的基本资料。通常使用的有均值、总量、频率、极值、变率、各种天气现象的日数及其初终日期，以及某些要素的持续日数等。

气候统计量通常要求有较长年代的记录，以使所得统计结果比较稳定，一般取连续30年以上的记录即可。为了对某区域或全球范围的气候进行分析比较，必须采用相同年份或相同年代的资料。为此，世界气象组织曾先后建议把1901—1930年和1931—1960年两段各30年的记录，作为全世界统一的资料统计年代。在一些气候变化不大的地区，或对于一些年际间变化较小的要素，连续10年以上的统计结果也具有一定的代表性。

7.1 平均值和总量

平均值是基本气候资料中最常用的统计量。必须统计平均值的气象要素，有气压、气温、湿度、风速和云量等。日平均值是一昼夜的24次、8次或4次观测值的平均数据。候平均值、旬平均值和月平均值，分别为每5天、每10天和每30天（或31天）中的日平均值的平均数据。年平均值则为一年（12个月）的月平均值平均所得的数据。多年平均值为某要素逐年同期的平均值，在相当长（至少连续30年）的时期内平均所得的数据。为了解气候的变化或某气象要素的变化，还常用距平值，它是一系列数值中的个别值与平均值之差。个别值大于平均值者称正距平，小于平均值者称负距平。主要有对多年平均值的偏差、气候要素在某一特定地点的数值与该要素在该地所在纬圈的平均值之差等。

总量是某气象要素观测值在一定时段内的累积量。如，某年7月的月降水量，就是该年7月1～31日所有各日降水量的总和；某年的年降水量则为该年1～12月各月降水量的总和。统计总量的要素有降水量、日照时数、蒸发量和辐射量等。

7.2　极值

某气象要素自有观测记录以来的极端数值或在某特定时段的极端数值。实际应用的有平均极值、极端极值和一定保证率的极值等三种。平均极值是指对每天观测到的某项极值（如最低温度）进行旬、月、年和多年平均的结果。如北京在 1951—1970 年的 20 年间，7 月平均最高气温为 31.1℃，1 月平均最低气温为–10.0℃。极端极值是从某要素在某时段的全部极值观测记录中挑选出的最极端的数值（见表 7.1）。如北京在 1951—1970 年的 20 年中，极端最高气温曾达到 40.6℃（1961 年 6 月 10 日），极端最低气温为–27.4℃（1966 年 2 月 22 日）。表 7.1 为若干气候要素极值的世界纪录和中国纪录。

表 7.1　若干气候要素极值的世界纪录和中国纪录

要　　素	世界纪录	世界纪录发生地点	世界纪录发生时间	中国纪录	中国纪录发生地点	中国纪录发生时间
极端最高气温	58.0℃	阿齐济耶（利比亚）	1992 年 9 月 13 日	49.6℃	新疆吐鲁番	1975 年 7 月 13 日
极端最低气温	–88.3℃	东方站（南极洲）	1960 年 8 月 24 日	–52.3℃	黑龙江漠河	1969 年 2 月 13 日
最大年降水量	22 990 mm	乞拉朋齐（印度）	1961 年	8409 mm	台湾火烧寮	1912 年
最大月降水量	9300 mm	乞拉朋齐（印度）	1961 年 7 月	3229 mm	台湾浸水营	1928 年 8 月
最大 24 小时降水量	1870 mm	锡拉奥（印度洋岛屿）	1952 年 3 月 15～16 日	1272 mm	台湾新寮	1967 年 10 月 17 日
地面最大风速	103.3 m/s	华盛顿山（美国）	1934 年 4 月 12 日	74.4 m/s	台湾兰屿	1958 年 7 月 15 日

气候资料中的极端极值同统计的时段（候、旬、月、年）和记录的年代有关，时段和记录的年代不同，极端极值就可能不同。

在解决许多实际生产任务时，往往不取极端极值，而取某种保证率的极值，如取 30 年（或 50 年、100 年甚至更长时段）一遇的极值。这种极值是根据一定时间的实测资料，按照数理统计极值频数分配理论计算出来的。

7.3　频率

将某气象要素的全部观测序列，按数值大小分成若干组，各组中所含的次数称为频数；各组的频数所占总次数（即各组频数的总和）的百分比即称为频率。将频率按一定顺序逐个累加的结果，称为累积频率。

为表示某地在一定时间内的风向和风速的频率，常用形似玫瑰花朵的风玫瑰图。风向一般用 8 个方位或 16 个方位表示。风向风玫瑰的模量，表示各风向的频率。频率最高，表示该风向出现的次数最多（见图 7.1）。风玫瑰图通常有年、季和月等多种，也有按特定风速绘制的风玫瑰，如大于 10.0 m/s 或小于 3.0 m/s 的风向风玫瑰等。风玫瑰图可供城市规划、港口和机场设计、工厂建筑设计和气候研究等方面使用。

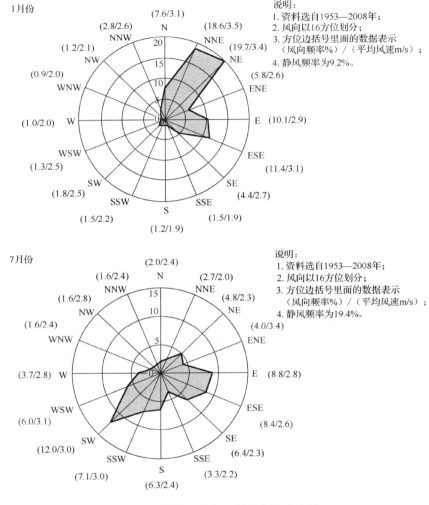

图 7.1　某地 1 月和 7 月风向风玫瑰图

7.4　变率

表示气象要素观测资料序列变动程度的数量。气候学中一般用相对平均差（v）表示变率，即：

$$\upsilon = \left[\frac{1}{n} \sum_{i=1}^{n} \left| x_i - \overline{x} \right| \right] \Big/ \overline{x}$$

式中，x_i 为各观测值序列，$\overline{x}$ 为多年平均值，n 为序列样本数。在气候学中，将上式的分子部分即距平绝对值的平均称为平均绝对变率，υ 为以百分率表示的相对平均差称为平均相对变率，或简称变率。

　　变率的大小表示该要素年际间变化的程度。降水变率是使用较广的一种统计量，常用来比较不同地区降水的多年变化特征和旱涝特征。例如，开罗和仰光两地降水量的年平均绝对变率虽然都是 17 mm，但是年平均降水量却分别为 34 mm 和 2540 mm，所以开罗年降水量的平均相对变率为 17/34 = 50%，而仰光则为 17/2540 = 0.68%。这表明开罗年降水量的年际间变化很大；而仰光则很小，年降水量相当稳定。中国大部分地区的降水变率都比较大（见表 7.2）。

表 7.2　中国部分地点年降水量变率

站名	海口	广州	长沙	福州	上海	成都	蚌埠	郑州	北京	太原	哈尔滨	呼和浩特	和田	乌鲁木齐	昆明	拉萨	玉树	西宁
变率	17	17	12	12	13	15	20	20	29	21	14	27	40	21	14	16	19	15

7.5　年变化

　　气象要素以年为周期的变化。通常以 12 个月的多年平均值的变化来表示。气候要素受太阳辐射的影响，其年变化主要由地球绕日公转所致。如冬季，太阳直射赤道以南，北半球的太阳高度角小，白昼时间短，地面获得的日射量小；夏季，太阳直射赤道以北，北半球的太阳高度角大，白昼时间长，地面获得的日射量也大；至于春秋两季，地面获得的日射量则介于冬夏之间。这是造成各种气象要素的年变化的主要原因。而地理纬度、海陆分布、大气环流以及地面状况等的不同，则造成了各地气象要素年变化的不同特征。如我国的海口、上海、北京的气温、降水和湿度等要素，都有各自的年变化特征（见图 7.2）。

　　（1）气温年变化

　　气温以年为周期的变化。赤道附近（南北回归线之间）的地区，一年中气温的年变化较小，有些地方出现两个峰值和两个谷值，但在南（北）回归线以南（北）的地区，这种年变化的幅度比赤道附近大，而且在一年之中，气温只有一个峰值和一个谷值。南半球的最高气温一般出现在 1 月或 2 月，北半球则一般出现在 7 月或 8 月；南半球的最低气温出现在 7 月或 8 月，北半球则出现在 1 月或 2 月。一年中最暖月的平均气温与最冷月的平均气温之差，称为气温年较差。它一般随纬度的增高而增大，随海拔高度的增高而减小。有时可用它来表示气温年变化的大小。在中国，珠江流域的气温年较差约为 16℃，长江中下游为 24℃～26℃，华北达 32℃，黑龙江流域最大达 44℃以上。

（2）湿度年变化

绝对湿度的年变化和气温相似。在赤道附近的一些地区，一年中有两个峰值和两个谷值，其他地区的绝对湿度的最大值一般出现在夏季，最低值出现在冬季。

（3）气压年变化

在大陆上，气压冬季最高，夏季最低；在海洋上，气压的年变化较小，规律性也不明显。气压的年变化随纬度的增高而增大，赤道附近的年变化最小。此外，气压的年变化还随海拔高度的增高而减小。

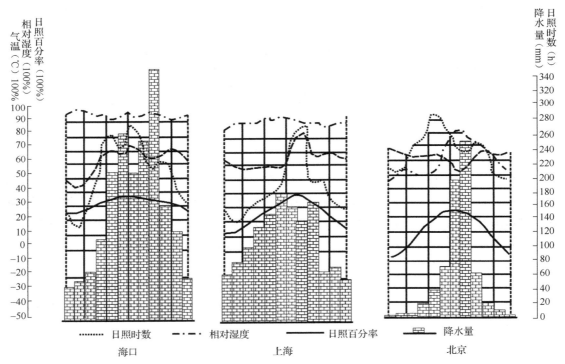

图 7.2　中国海口、上海、北京的气温、降水和湿度等要素

7.6　日变化

气象要素以日为周期的变化，通常以多年的每日 1～24 时的逐时平均值表示（见图 7.3）。日变化主要由地球自转所引起。以气温为例，一般在白天，地面受到太阳照射而

增温，至 13～15 时达到最高值，称为最高气温。然后，随太阳高度角的减小，气温逐渐下降；日落以后，地面辐射使气温进一步降低，至次日日出之前出现最低值，称为最低气温。此外，海陆物理性质的不同和地面状况的差别对气象要素的影响也很大。因此，气温、气压、风速和湿度等的日变化都各有其显著的特征。

（1）气温日变化

气温以日为周期的变化。这种变化离地面愈近愈明显。一般同纬度高低、下垫面情况和季节变化等因素有关，还受当地云量、风速和天气系统等变化的影响。它反映了当地的气候特点。气温日变化的大小，可用一日中最高气温和最低气温的差值，即气温日较差来表示。在中国，气温日较差的年平均值，由东南沿海到西北内陆，约从 6℃增至 16℃。

（2）湿度日变化

通常，在海洋及其沿岸地区和大陆的湿润地区，绝对湿度随温度的升高和蒸发的加强而增大，其日变化为单峰型。但大陆在暖季时，早晨绝对湿度随着温度的升高和水分蒸发的加快而增大；中午前后温度进一步升高，湍流交换加强，近地面层空气中的水汽被带至高层，地面的绝对湿度减小；午后温度降低，湍流减弱，近地面的绝对湿度再次升高，日变化便呈双峰型。而相对湿度一般则随气温上升而减小，随气温降低而增大。

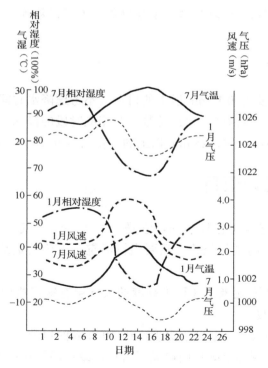

图 7.3　某地气象要素日变化图

（3）风速日变化

陆地上风速一般在清晨最小，午后达最大值，以后，又迅速减小。海上风速的日变化则小于陆地，而且最大风速的出现时刻也较陆地晚。

（4）风向日变化

风向日变化主要由温度的周期性日变化所致。一般在山区、海陆交界地区最为明显，如山谷风、海陆风等。风向的周期性日变化，常受天气系统的影响而破坏。

（5）气压日变化

气压在一天中有两个最高值（在 9～10 时和 21～22 时）和两个最低值（在 3～4 时和 15～16 时），其振幅随纬度的增加而减小。

7.7　天气现象日数

在某时段（旬、月、年）内，出现某种天气现象的天数，称为该天气现象的日数（如降水日数、大风日数等）。天气现象的日数反映各种现象在某时段内的频繁程度，是表示某地气候特征的一种统计量。在气候统计分析中，常用的天气现象日数有降水（雨、雪）日数、冰雹日数、雾日数、 沙暴日数、雷暴日数、大风日数等。

7.8　降水日数

通常把一日内降水量达 0.1 mm 以上的日子（不考虑降水时间的长短）称为一个降水日，又称雨日。一月或一年内降水日的总数，是相应时段的降水日数。有时，还统计日降水量达 10 mm 以上的中雨日数、25 mm 以上的大雨日数和 50 mm 以上的暴雨日数。

7.9　其他常见统计项目

- 冰雹日数　冰雹是固态降水物，它是一种灾害性天气，所以在统计降水日数之外，往往还要专门进行统计。只要当日降雹，无论其量是否达到 0.1 mm，均按冰雹日计算。
- 雾日数　指近地面几米至几百米高度的大气层有雾形成或移来，使水平能见度小于 1000 m 的日数。
- 沙暴日数　有沙（尘）暴使能见度小于 1000 m 的日数。
- 雷暴日数　指观测站上既见闪电又闻雷声，或只闻雷声而不见闪电的日数。
- 大风日数　用仪器测量时，指瞬间风速达到或超过 17 m/s 的日数；用目力观测

时，指风力达 8 级以上的日数。

- 初终日数　指某种天气现象在年度内第一次出现和最后一次出现的日期。通常统计初终日期的项目有霜、雪、积雪、结冰，最低气温小于或等于0℃、地面最低温度小于或等于 0℃等各种界限温度和雷暴等。初日至终日的期间为该现象的出现期。如初霜日至终霜日之间为霜期，其余时间为无霜期。

- 界限温度　指在农业生产上有指示意义的温度，如 0℃、5℃、10℃、15℃和 20℃等。0℃表示土壤解冻（冻结）的界限；5℃是大多数木本植物开始（停止）生长的界限；10℃是大多数作物开始（停止）活跃生长的界限；15℃是水稻栽插的适宜界限；20℃是水稻分蘖和迅速增长的界限。一般认为 0℃以上的持续期为温暖期或农事期，5℃以上的持续期为生长期，10℃以上的持续期为生长活跃期等。统计上述界限温度的初终日期和持续的日数，可以供给生产部门以及有关方面参考使用。

第 8 章

气候代用资料的获取与气候重建

气象观测数据及相关气象资料可以用来分析现代气候的变化特征，但地质、历史时期的气候变化，由于缺乏直接的观测资料，只能通过寻找其他证据并将其转换成气候代用资料检测气候变化。过去发生的气候变化在气候系统的各个圈层留下一些证据，如果把这些证据转换成气候代用资料，就可以为气候变化的研究工作提供基础。气候重建是预测气候变化的一种重要方法。

8.1 利用史料重建气候

史料是一种重要的代用资料，主要特点是时间、地点比较准确，对旱涝的特征描述具体。这是其他代用资料不可比拟的。在一些历史文献中，如官方记录，历代文人留下的日记、诗歌、碑文和游记等，常常直接或间接地述及当时的气候状况。特别在一些朝代的编年史中，常常有对严重气候异常现象的记录，如严寒、雨涝、干旱等。对这些历史文献收集整理，就可得到一些气候代用资料。

8.2 树木年轮方法重建气候

树木年轮方法也是研究历史时期气候变化的重要方法。树木每年有一个明显的生长季，从而每年都会长出一个轮圈——称为树轮或年轮。年轮越多，表明树的年龄越大。年轮的宽窄和密度等反映了年轮形成时的气候和环境条件。

由于由单个树木年轮得到的数据资料可能仅仅反映当时的局地气候环境条件，所以要对众多年轮资料进行综合分析，才可得到逐年乃至逐季的可靠代用资料序列。年轮资料的优点是其连续性。古树的年龄有几百年甚至上千年，如果能找到树木残骸化石，则经特殊测年技术处理还可将不同时期树木的年轮资料连接起来形成更长的时间序列。不过，由于

影响树轮生长的因素很多，要从树轮资料中反演出一些特定要素（如温度或降雨）的代用资料，还有许多实际问题。

8.3　古地层分析法重建气候

地层是地壳发展过程中形成的各种成层岩石的总称。地层（岩层）有老有新，在正常情况下，地层从下到上地层时代由老变新。沉积岩层是地层的一个主要类型。沉积岩是各种已被破坏的先成岩石和生物物质以及其他物质沉降堆积后经成岩作用而形成的。自然地，在不同的气候和环境条件下形成不同的沉积岩。反过来，沉积岩层"记录"了沉积时的古气候和环境状况。所以，沉积岩层中沉积物的物理成分和化学特性可以用来判断当时的气候和环境状况。

8.4　冰芯资料法重建气候

冰芯资料是一类重要的气候代用资料。存在于极区大陆（如南极和格陵兰）的冰盖和高海拔地区（如青藏高原和中低纬度高山）的冰川是大气降雪在积冰区不断积累——消融的动态平衡中缓慢堆积而形成和维持着的。冰层的稳定同位素成分以及积冰时被封存在冰中的少量空气，可通过一些专门的实验手段对其进行分析。如果能排除局地的影响（如局地酸雪），冰芯资料能相当客观地反映气候变化。例如，对南极的冰芯分析表明，温度变化 1℃，冰芯中氘同位素相对含量变化 6‰，这一关系相当稳定。所以，只要测量出冰层的氘同位素含量，就可推断冰层形成时的温度。

8.5　树木年轮定年原理、取样方法和分析方法

定年是考古分析中的一个重要方面之一。在考古领域有许多断代测年方法，树轮定年是最精确的一种定年方法，可以精确到年，甚至到某个季节。树轮年代学也叫树轮定年，是对树木年轮年代序列的研究。科学的树轮年代学是美国的天文学者道格拉斯（Douglass）博士于 20 世纪初研究建立起来的，他用树轮定年法测定了印第安人遗址中残留树木的树轮，明确了遗址的年代，于是这种方法在美国的史前年代学研究中得以确立。

自从科学的树轮年代学建立以来，树轮年代学有了长足的发展。在建立长序列的年轮年表方面，许多国家已经建立了不同长度的年表，其中有两条长序列的年轮年表，一条是利用美国西南部考古遗址出土的木材样本，构建了这一地区的史前年代学框架，建立了上万年的刺果松（Pinus aristata）年轮年表；另一条是德国建立了不间断的可延续到整个全

新世的 10430 年的栎树（Quercus）年轮年表。利用长序列年轮年表不但对新石器时代的遗存进行了定年，对古建、古美术的木材样本进行定年，而且对 ^{14}C 年代进行了校正，推测过去一些事件的年代，河流的改道，推测过去社会经济和文化状况：聚落的居住史和建筑史等。

总之，在考古学领域，树轮年代学主要有两方面的作用，一方面是利用树木年轮分析判定过去人类文化遗存的年代，另一方面是对过去气候（包括温度、降水）和环境进行重建和研究。因此，为了尽快建立长序列的年轮年表，有必要对树轮年代学的原理、分析方法和取样方法几个方面系统介绍，使考古工作者了解和掌握，以便取到比较理想的木材样本。

1. 树轮年代学的原理

树木树干的形成层每年都有生长活动，春季形成层细胞分裂快，个大壁薄，在材质上表现疏松而色浅，称为春材；由夏季到秋季，形成层的活动渐次减低，细胞分裂和生长渐慢，个小壁厚，材质上致密而色深称为秋材。树木的年轮，就是树干横截面上木质疏密相间的同心圆圈（见图 8.1）。每一个年轮的宽度包括当年的春材和秋材。多数温带树种一年形成一个年轮，因此年轮的数目表示树龄的多少，年轮的宽窄则与相应生长年份的气候条件密切相关，在干旱年份树木生长缓慢，年轮就窄，在湿润年份年轮就宽。同一气候区内同种树木的不同个体，在同一时期内年轮的宽窄规律是一致的。如果一段树干内层的一段年轮图谱同另一段树干外层的年轮图谱一致，就说明二者有过共同的生长期，生长年代能够相互衔接。如果我们以现生立木或已知砍伐年代的树木样本为时间基点，年代早一些的样本与之有一部分年轮图谱重叠，它们就可以衔接起来，就这样一直能衔接下去，甚至可以衔接到远古时期，由此可以建立长序列的树木年轮年表（见图 8.2）。

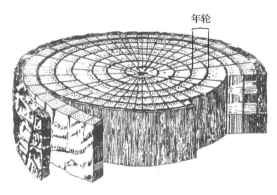

图 8.1　树木年轮

　　建立了长序列的树木年轮年表，就可以对未知年代的木材进行分析和定年。假如从考古遗存中取到木材样本，首先对该木材样本进行树轮分析，建立该木材样本的树轮图谱，如果该木材样本与已建立的合成年轮年表的木材树种相同，又在同一气候区，根据交叉定年原理与长序列的树木年轮年表进行比较，就可以找到唯一的重合位置，从而确定该木材样本的绝对年代。

　　在温湿的欧洲地区，树轮基本没有缺失轮，常采用以上交叉定年方法。而在气候干旱和半干旱的地区，树轮中丢轮较多，常采用美国的骨架定年方法，并根据实际情况适当调整。

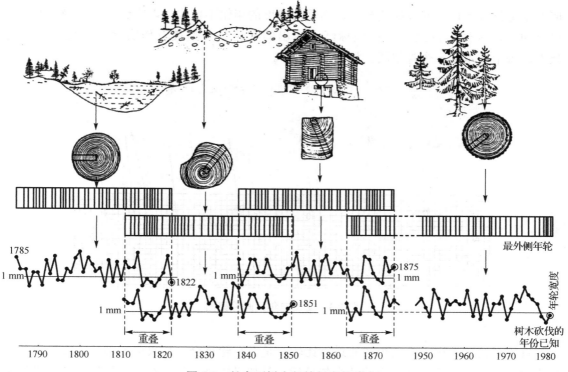

图 8.2　长序列树木年轮年表的建立

2．树轮年代学的分析方法

（1）交叉定年工作程序

　　在定年前，对所有的样本都应进行一次目估，进一步了解每一个样本年轮的走向、清晰程度、是否有结疤、病腐等，选取生长正常的部分定年，这不仅有利于假年轮、丢失年轮的确定和识别，定年准确，测量时不容易出错，而且在年轮分析时，如果有疑问，还便于回查。

交叉定年工作程序如下:

① 年轮的标记

将打磨好的样本,由髓心向树皮方向,每10年用自动铅笔画一个小点,每50年在垂直方向画两个小点,每100年在垂直方向画3个小点。

② 画骨架图

一般采用美国亚利桑那大学树木年轮研究实验室的交叉定年方法,即骨架示意图方法对树木年轮进行定年。该方法将树轮宽度序列中的窄轮作为序列之"骨",识别后即以竖线的长短形式标注在坐标纸上。如果所视年轮比其两侧相邻的年轮相对愈窄,在坐标纸相应的年份位置上标注的竖线就愈长,而平均宽度的年轮不标出,以空白表示,极宽的年轮以字母 W 标注。以此方法在坐标纸上标出的窄轮分布型被看作实际轮宽变化的"骨架"。每个样本画一个骨架图。如图8.3所示。

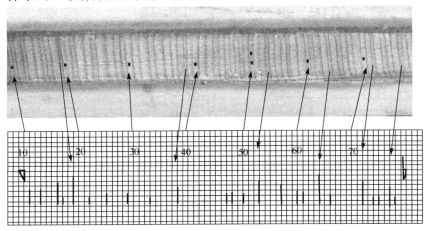

图 8.3 交叉定年:画骨架图

③ 比较

首先对同一棵树上的两个树芯进行比较,是否窄轮重合,如果前一部分重合后一部分不重合,那么,往后移动一个或几个年轮后,骨架又重合,说明有可能缺轮,要回到显微镜下重新确认。确定好后再与另一个样本用同样的方法进行比较。直到所有样本的年轮数量准确无误为止。

④ 年代的确定

对于活树的样芯,最外层年轮的年代是已知的,由于前面几步定年准确无误,那么每个年轮的生长年代就能准确定年。

如果古木样本的年轮骨架与现代样本的年轮骨架重叠,那么每个年轮的生长年代也就能确定了。

　　这里值得注意的是，样本最后一年的确定依据是树轮的解剖学特征。比如，如果样芯是 2005 年春季、夏季采集的，树木已经开始生长，在显微镜下，最后一个完整轮与树皮之间看到颜色浅的针叶树种的管胞或阔叶树种的导管，这说明测量的最后一个年轮就是树木砍伐年代的前一年或者是取样年代的前一年，也就是 2004 年。如果样芯是 2005 年秋季到冬季采集的，树木已经停止生长，在显微镜下，最后一个完整轮与树皮之间只有颜色深的晚材细胞，说明测量的最后一个年轮就是树木砍伐年代或者是取样的年代，即 2005 年。对于考古样本，知道最外层的年轮是否是砍伐年代是非常重要的。因为知道了砍伐年代，就可以确定遗址的年代。遗憾的是，考古遗址中发掘出的木材经常表面腐烂，不知道损失了多少年轮，在这种情况下，我们只能有把握地说，树木死于或砍伐于最外层年轮的年代之后。

　　那么，如何确定遗址的年代呢？

　　第一种情况：如果确定了绝对年代的样本有树皮，可以根据木材最外层年轮的年代，至少可以卡定这个遗存的上限，也就是说，该遗址的年代不早于木材最外层年轮的年代，如果木材是现伐现用的，那么，遗存的年代就能确定。

　　第二种情况：如果一个遗址中多数样本结束于同一年，说明这些样本外层木质部没有腐烂，因为不可能多数样本腐烂掉同样的年轮数，这种情况也可以卡定这个遗存的上限。如果木材是现伐现用的，那么，遗存的年代就能确定。

　　第三种情况：如果样本外边木质部发现有虫孔，说明最外层一个年轮接近树皮。因为虫子一般蛀新形成了木质部和韧皮部。这些虫子侵蚀刚砍伐的树、弱树或由于其他原因死亡的树的树皮。虫子侵蚀的年轮深度通常只有几个年轮，因此它们的存在意味着最外层的年轮靠近砍伐年。这种样本的最外层年轮的年代与遗址的年代接近。

　　第四种情况：样本存在部分边材，可以根据边材与心材的关系确定边材损失了多少年轮，估计靠近树皮的年轮的年代。这种样本估计的最外层年轮的年代与遗址的年代接近。

　　第五种情况：样本只有心材，这种样本就难判定木质部损失了多少个年轮，这种样本最外层年轮的年代与遗址的年代相差较大。

　　（2）样本的测量

　　样本年代确定后，用德国福兰克林（Frank Rinn）公司生产的 LINTAB 树轮宽度测量仪测量，该系统测量精度为 0.01 mm；或者用美国生产的 University Model 4 树轮宽度测量仪测量轮宽，精度为 0.01 mm；或用国产的树轮宽度测量仪测量轮宽，精度为 0.2 mm（见图 8.4）。

　　（3）树木年轮年表的建立

　　在建立树木年轮年表之前，用专门用于检查样芯或树盘定年和轮宽量测值的 COFECHA 计算机程序，或用 Gleichläufigkeit 统计量检查所测树轮宽度值的准确性，利用 ARSTAN 软件建立树轮宽度指数序列。

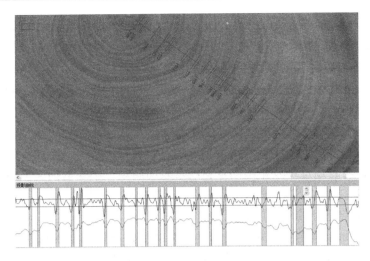

图 8.4　树轮宽度测量系统分析结果

3．取样方法

树轮分析的第一步是获得适当的木材样本。样本来源很广，从年代来说，可以是现代的、古代的；从性质来说，可能是艺术的、考古发掘的和亚化石的；从形状来说，可能是圆盘、楔形、长条形或树芯。另外，可能是干的样本，也可能是湿的样本。

（1）活树样本的采集

活树样本取样最好选择下面的树木样本：选择受人为影响小；受一个气候因素制约，如温度或者降雨；生长在干旱、半干旱地区、生长条件较差的林缘木和孤立木；高寒地区和高海拔的森林上限。

为了保证树木受到最小的伤害，采样时采用较细的（直径为 4.3 mm）生长锥（见图 8.5）对活树进行样芯采样。取到的样芯（见图 8.6）放置在纸吸管或塑料吸管内，并在吸管上用油性笔标注代码。纸吸管的优点在于可使样芯中的水分充分挥发以避免样芯发霉，又可对样芯起保护作用。若采用塑料吸管放置样芯，则须在管壁上剪出若干小孔，以便于样芯中的水分挥发。

（2）古木样本的采集

凡是年轮数在 100 以上的木材甚至木炭和化石木，都可以作为树轮分析的样本。对于考古遗址中出土的古木，用油锯采集树盘，对于那些需要保存结构，不易锯树盘的，可以采集木材钻心。树盘是最好的树轮分析样本，在一般情况下，取 2～3 cm 厚的树盘。特别注意的是，如果原木尚有保存完好的树皮，或有完整边材的木材，取样时一定要注意保存。另外，不要在主干有侧枝的部位取树盘，因为此处年轮极不规则。如果运输不方便，也可取楔形样本，即树干横切面上选择年轮比较规则、年轮不是太窄的部位，取原盘的 1/4 或 1/8，这是因为年轮太窄容易产生不连续生长轮或断轮。在取树盘之前，可以利用手持放大镜初步观察一下样本的质量。当观察样本时，标本的观察面向着光线，如果表面涂一层水，利用光的折射观看更清楚，同时要注意方向，必须把木材标本近树皮的一边向外，把近髓心的一边靠近身边，即以射线垂直于胸前，而不要倒过来看，更不要以射线平行胸前来观察。如果考古遗址有木炭，那么可以把木炭样本用棉花包裹起来，或浸在聚乙二醇（碳蜡）溶液中保存。如果考古发掘的木材湿而软，要用塑料布包裹起来，或冷冻起来。

图 8.5　树木年轮生长锥

图 8.6　生长锥取出的样芯

　　样本的数量越多越好，这是因为在交叉定年中，可以排除由于假生长轮和不连续生长轮造成的数据偏差。而且，大样本量对最后的统计分析也是很重要的。但是，取大量样本必然需要大量的人力、物力、财力，因此，如果出土大量原木，最好在带有树皮和边材明显的木材上取样，样本数为 30 个。如果出土较少木材，最好每个木材取一个样本，甚至一个木材上取两个样本。采集样本的同时要对样本进行编号和记录。我们取样的目的不仅仅在于了解样本的年代，而且要尽可能地了解当时的环境及其对人们生活的影响。因此，样本的编号和记录是至关重要的。样本的编号最好与考古发掘的编号一致。样本记录应记录采样地点、样本代号、树种、样本在遗址中的位置（包括水平位置和垂直位置）、采样人、采样日期、样本发现的原因（发掘、建筑、道路）等。还应绘制取样地点平面图、描绘样本与其他物体的空间联系，根据共存遗物推断样本的可能的年代，最好附上拍摄照片。总之，要尽可能多地提供有关样本的信息，以便对树轮研究的结果进行分析。样本登记表要和样本上的记录一致。

第9章

遥感在气象中的应用

9.1 大气遥感概述

大气遥感，是指仪器不直接同某处大气接触，在一定距离以外测定某处大气的成分、运动状态和气象要素值的探测方法和技术。气象雷达和气象卫星等都属于大气遥感的范畴。研究领域不仅包括大气的物理化学等特征，还包括地表特性的相关内容。

大气不仅本身能够发射各种频率的流体力学波和电磁波，而且，当这些波在大气中传播时，会发生折射、散射、吸收、频散等经典物理或量子物理效应。由于这些作用，当大气成分的浓度、气温、气压、气流、云雾和降水等大气状态改变时，波信号的频谱、相位、振幅和偏振度等物理特征发生各种特定的变化，储存了丰富的大气信息，向远处传送。这样的波称为大气信号。研制能够发射、接收、分析并显示各种大气信号物理特征的实验设备，建立从大气信号物理特征中提取大气信息的理论和方法，即反演理论，是大气遥感研究的基本任务。为此，必须应用红外、微波、激光、声学和电子计算机等一系列新技术成果，揭示大气信号在大气中形成和传播的物理机制和规律，区别不同大气状态下的大气信号特征，确立描述大气信号物理特征与大气成分浓度、运动状态和气象要素等空间分布之间定量关系的大气遥感方程。这些理论既涉及力学和电磁学等物理学问题，又和大气动力学、大气湍流、大气光学、大气辐射学、云和降水物理学和大气电学等大气物理学问题有密切的联系。

9.2 大气遥感发展历史

大气遥感研究开始于 20 世纪 20 年代，应用吸收光谱定量分析理论和实验技术，在地面观测透过大气层的太阳紫外和近红外光谱的辐射信号，推算出大气层内臭氧和水汽的总含量。到 20 世纪 40 年代中期，用于军事侦察的微波雷达发现了来自云雨的回波信号。进一步研究表明，回波强度和降水强度密切相关。由此气象雷达获得迅速发展，成为探测降水、监测台风和风暴等灾害性天气的有效手段。

20世纪60年代以后，红外、微波、激光、声学和电子计算机等新技术蓬勃发展，对大气信号的认识遍及声波、紫外、可见光、红外、微波、无线电波等波段，形成了声波大气遥感、光学大气遥感、激光大气遥感、红外大气遥感、微波大气遥感等各个分支。大气遥感发展成为大气科学的新兴学科分支，被广泛应用于气象卫星、空间实验室、飞机和地面气象观测，成为气象观测中具有广阔发展前景的重要领域。

与传统温、压、湿、风等常规观测手段不同，遥感不仅是一项涉及观测的技术，更是一门涉及综合性探测的科学。遥感中的科学与技术交织在一起，遥感科学是遥感技术发展的先导，遥感技术反过来又促进遥感科学的深入。遥感借助辐射测量技术，通过科学算法反演出能够准确反映大气、陆地和海洋状态的各种物理和生态参量，科学与技术的独特结合方式为遥感学科的发展提供了强大的可持续发展生命力。

9.3　大气遥感分类

大气遥感分为被动式大气遥感和主动式大气遥感两大类。

1．被动式大气遥感

被动式大气遥感利用大气本身发射的辐射或其他自然辐射源发射的辐射与大气相互作用的物理效应，进行大气探测的方法和技术。这些辐射源有下面这些。

（1）星光以及太阳的紫外、可见光和红外辐射信号。

（2）锋面、台风、冰雹云、龙卷等天气系统中大气运动和雷电等所激发的重力波、次声波和声波辐射信号，其频率范围为 $10^{-4} \sim 10^4$ Hz。

（3）大气本身发射的热辐射信号，主要是大气中二氧化碳在 4.3 μm 和 1.5 μm 吸收带的红外辐射；水汽在 6.3 μm 和大于 18 μm 吸收带的红外辐射，以及在 0.164 cm 和 1.35 cm 吸收带的微波辐射；臭氧在 9.6 μm 吸收带的红外辐射和氧在 0.5 cm 吸收带的微波辐射等。

（4）大气中闪电过程以及云中带电水滴运动、碰并、破碎和冰晶化（见云和降水微物理学）过程所激发的无线电波信号，其频率范围为 100～109 Hz。被动式大气遥感探测系统主要由信号接收、分析和结果显示三部分组成。由于这种遥感不需要信号发射设备，探测系统的体积、重量和功耗都大为减小。被动式大气遥感技术从20世纪60年代开始即用于气象卫星探测，获得了大气温度、水汽、臭氧、云和降水、雷电、地—气系统辐射收支等全球观测资料。但是，被动式大气遥感系统探测器所接收的，是探测器视野内整层大气的大气信号的积分总效应，要从中足够精确地反演出某层大气成分或气象要素铅直分布

（廓线）的精细结构还很困难。比较成功的方法有两种：一种是频谱法，即观测分析大气信号的频谱，以反演大气成分和气象要素廓线；另一种是扫角法，即观测大气信号某一物理特征在沿探测器不同方位视野上的分布，以反演大气成分和气象要素的廓线。

2. 主动式大气遥感

主动式大气遥感，是由人采用多种手段向大气发射各种频率的高功率的波信号，然后接收、分析并显示被大气反射回来的回波信号，从中提取大气成分和气象要素的信息的方法和技术。主动式大气遥感有声雷达、气象激光雷达、微波气象雷达，以及甚高频和超高频多普勒雷达等，这些雷达都能发射很窄的脉冲信号。激光气象雷达发射的光脉冲宽度只有 10 ns 左右，利用它探测大气，空间分辨率可高达 1 m 左右。此外，雷达脉冲信号发射的重复频率，已经高达 10^4 Hz 以上，应用信号检测理论和技术，可以有效地提高探测精度和距离。在量子无线电物理和技术发展以后，雷达能够发射频率十分单一、稳定且时空相干性非常好的波信号。由此产生的大气信号回波的多普勒频谱结构非常精细，从中可以精确地分析出风、湍流、温度等气象信息。这些都是主动式大气遥感的突出优点，但由于增加了高功率的信号发射设备，探测系统的体积、重量和功耗比被动式大气遥感增加几十倍以上，因此较多地应用于地面大气探测和飞机探测。它可提供从几千米到几百千米范围内大气的温度、湿度、气压、风、云和降水、雷电、大气水平和斜视能见度、大气湍流、大气微量气体的成分等分布的探测资料，是研究中小尺度天气系统结构和环境监测的有效手段。随着空间实验室、航天飞机等空间技术的发展，主动式大气遥感应用于空间大气探测的现实性愈来愈大。

主动式大气遥感根据探测位置的不同分为星载大气遥感和地基大气遥感。

（1）星载大气遥感

星载大气遥感是指利用卫星搭载的大气红外超光谱探测器来获得大气数据。气象卫星分为两种，一种是极轨气象卫星，另一种是静止气象卫星。前者分辨率较高，但是对于特定地区的扫描周期较长，这样的卫星每天在固定时间内经过同一地区两次，因而每隔 12 小时就可获得一份全球的气象资料，好在有 6 颗卫星在同时运转，就成了每两小时更新一次；而后者则分辨率较低，但覆盖区域广，因而 5 颗这样的卫星就可形成覆盖全球中、低纬度地区的观测网，每一小时就可以更新一次。

气象卫星分为两个系列：极轨气象卫星和静止气象卫星。极轨气象卫星大气探测的主要目的是获取全球均匀分布的大气温度、湿度、大气成分（如臭氧、气溶胶、甲烷等）的三维结构的定量遥感产品，为全球数值天气预报和气候预测模式提供初始信息；静止气象卫星大气探测的主要目的是获取高频次区域大气温度、湿度及大气成分的三维定量遥感产品，为区域中小尺度天气预报模式以及短期和短时天气预报提供热力厂和动力厂（温度、湿度、辐射值）、空间四维变化信息，进而达到改进区域中小尺度天气预报、台风、暴雨等重大灾害性天气预报准确率的目的。

自 1960 年第一颗气象卫星升空以来，气象卫星无论是在科学上还是在技术上都有了很大的发展，卫星轨道从低轨道（极地轨道）发展到高轨道（静止轨道），卫星探测器从可将光、红外发展到紫外、微波，卫星拥有国包括美国、欧洲、日本、中国、俄罗斯、印度等国家，韩国也在着手落实自己的卫星发展计划。随着气象卫星探测技术的发展和科学研究的深入，遥感技术在应用上取得了辉煌的成就。

我国气象卫星遥感应用经历了从单纯接收国外卫星资料、学习国外卫星遥感技术到建立我国自己的气象卫星观测体系的发展过程。从 1970 年启动气象卫星发展计划开始到现在，我国独立自主地建设了极轨和静止气象卫星对地观测系统。成为继美国、俄罗斯之后同时拥有极轨和静止轨道气象卫星观测能力的国家。不仅如此，我们的风云一号 C 星和 D 星还具有全球观测能力，可以在 24 小时内获取全球陆地和海洋遥感数据。

卫星工程建设为卫星应用奠定了坚实的基础，国民经济的需求又促进了遥感应用服务的快速发展。从 20 世纪 70 年代以来，气象卫星遥感资料在我国气象、海洋、水文、航空、航海、农业、林业、牧业、渔业、环境保护、石油、军事等领域发挥了重要作用。

缺点：低空位置的精度由于云层、气溶胶及其他地表气体温度的影响而降低。

（2）地基大气遥感

顾名思义，地基大气遥感就是将红外超光谱探测器放置于地面来获得大气数据。从地面测量向下的辐射，相对于卫星可以避免高空气体物质也会随温度、压力不同辐射红外光对探测器测量精度的影响，从而可以给出极好的行星边界层数据，结合卫星及地基光谱仪测量提供完整、准确的气候信息。

9.4　遥感的气象应用分类

1．天气气候

（1）气温、降水

卫星可见光云图（见图 9.1）可以监测热带气旋以及云团的移动趋势，一般白色表示太阳光反射强，灰黑的地方表示反射较弱。一般陆地表现为灰色，海洋表现为黑色，而冰雪和深厚云系覆盖的地区一般呈白色。用红外探测器可以计算各地晴空大气温度和湿度的铅直分布。微波辐射仪可以探测云上和云下的大气温度和湿度的分布，以及云中含水总量和雨强的分布。

（2）雾

遥感对大雾监测也非常有效（见图9.2），通过卫星遥感，实时监测各地雾情的变化，便于发出天气预警和作出决策。利用卫星遥感监测大雾具有及时、宏观的明显优势。图像纹理信息反映了图像的灰度性质及其空间关系。通过对雾的成因、辐射特性、雾遥感基本原理的阐述，结合中国 FY-1D 美/国 NOAA 系列极轨卫星资料通道特点，分析雾的图像纹理信息，并依据雾在可见光波段和中红外波段与云类不同的光谱特性，选用不同的光谱通道进行大雾监测。

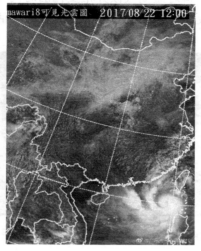

图 9.1　遥感可见光云图

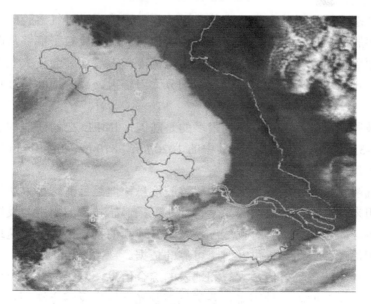

图 9.2　遥感大雾监测

（3）气候变化

利用遥感技术可以对气候变化因子进行有效监测，可以对大范围区域进行气候的异常监测，热红外遥感可以利用热红外探测器收集、记录地物辐射的热红外辐射信息，并利用这种热红外信息来识别地物和反演地表参数（如温度、发射率、湿度、热惯量等），包括季节到年际气候预测——提高瞬时短期气候异常变化的时间和空间预报准确性；长期气候变化——决定长期气候变化及其趋势的机理和因素以及人类活动的影响研究。图 9.3 为南极冰盖变化监测对比图。

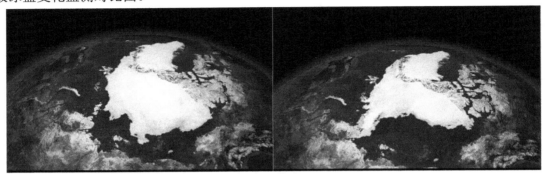

图 9.3　2005 年 9 月（左）与 2007 年 9 月（右）遥感监测对比图

2．大气气溶胶监测

气溶胶是液态或固态微粒在空气中的悬浮体系。遥感可以对气溶胶监测从而对气候做分析，监测气溶胶的厚度、浓度、成分、属性等信息。气溶胶粒子能够从两方面影响天气和气候。一方面可以将太阳光反射到太空中，从而冷却大气，并会使大气的能见度变坏，另一方面却能通过微粒散射、漫射和吸收一部分太阳辐射，减少地面长波辐射的外逸，使大气升温。

在地基多波段光度计遥感中，使用最多的是法国 CIMEL 公司研制的多波段自动跟踪太阳辐射计 CE-318，其波段一般利用其中的 1020 nm、870 nm 和 440 nm 通道进行定标和气溶胶光学厚度反演。

地面遥感气溶胶可以得到较为准确的气溶胶信息，但是目前这种方法只能在有限的区域进行，不能用来监测大范围气溶胶光学特性。卫星遥感技术的出现与发展，使人们能从宇宙空间观测全球。这种技术具有视域广、及时、连续的特点，可以迅速地查明环境污染状况，为预防和治理环境污染提供及时、可靠的依据。

由于卫星传感器获得辐射值是大气和地表的综合信息，复杂的地表类型和气溶胶类型使气溶胶光学厚度反演面临多种困难，各类气溶胶光学厚度反演方法都是根据地表类型和气溶胶组成的差异从不同的角度实现气溶胶光学厚度的反演（见图 9.4）。

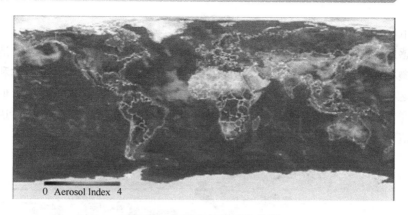

图 9.4　遥感大气气溶胶监测

3．灾害监测

（1）海冰

我国的渤海和黄海北部每年冬季都会发生结冰，结冰程度直接影响海上油气资源的开发、交通运输、港口海岸工程作业等。利用可见光和红外通道资料，结合海冰的光谱特征，可以进行冰水识别和海冰信息提取，获取海冰分布范围、面积、冰型、密集度、外缘线等信息。地球两极有将近 3000 万平方千米的面积被海冰覆盖，极低海冰监测对极低海域的航道设计和海上航行安全保证非常重要。利用卫星的微波辐射计和散射计以及 SAR 数据，可以获取极地区域海冰分布和变化情况（见图 9.5）。

图 9.5　遥感海冰监测

（2）凌汛

卫星遥感监测凌汛主要依据不同地物的光谱响应特征。在近红外波段，洁净水体的反射率远比土壤和植被的反射率低，所以在卫星图像上可以很容易地区分水体和非水体的界限。像黄河这样泥沙含量较高的水体，其反射率的最大值移向可见光波段，但仍比土壤和植被低。这样，在卫星图像上就能够将发生凌汛的地点及其区域判读出来，进而根据像元数估算淹没范围和面积（见图9.6）。

图9.6　遥感凌汛监测

（3）干旱

通过遥感手段可以获取地表蒸发量、作物表面温度、土壤热容量、土壤水分含量、植物水分胁迫及叶片含水量等（见图9.7），对作物生长的土壤含水状况、作物缺水或供水状况、植被指数等指标所反映的作物生长状况的分析，间接或直接地对作物旱情进行研究。

目前比较成熟的遥感旱情监测模型有：植被指数模型、热惯量模型、作物缺水指数模型、植被指数与地表温度特征空间模型、微波模型、水文模型和气象模型等。

（4）沙尘暴

研究表明，我国区域的沙尘暴与某些低云亮温接近，但反射率不同（见图9.8）。西北某些裸露地表与沙尘暴反射率接近，但其亮温不同。所以，沙尘暴的监测就是利用其与云系、地表反射率及辐射率的差异进行的。目前，利用可见光和红外多光谱卫星通道信息判别沙尘暴仍是较好的方法之一，而夜间还难以进行沙尘暴的观测。

（5）火灾

地面物体都通过电磁波向外放射辐射能，不同波长的辐射率是不同的，通常，温度升高时，辐射峰值波长移向短波方向。从气象卫星监测到的火灾发生前后来看，当地表处于常温时，辐射峰值在传感器的、通道的波长范围，而当地面出现火点等高温目标时，其峰值就移向通道，使通道的辐射率增大数百倍。利用这一原理，通过连续不断的观测，就可以及时发现火点。当火灾发生后，可以通过卫星接收到的彩色图像获取火灾现场情况和过火面积图（见图 9.9），以便客观、准确评估火灾损失，组织救灾。

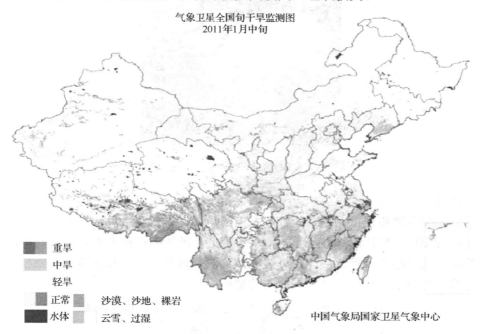

图 9.7　遥感干旱监测

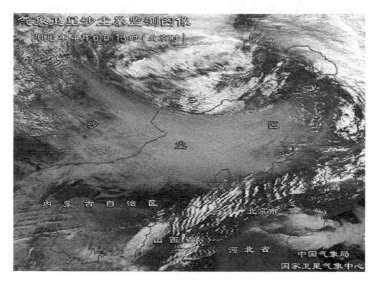

图 9.8　遥感沙尘暴监测

图 9.9　MODIS 全球自然火灾遥感影像

（6）台风

加强台风的监测和预报，是减轻台风灾害的重要措施。对台风的探测主要是利用气象卫星（见图 9.10）。在卫星云图上，能清晰地看见台风的存在和大小。利用遥感的卫星影像可以确定台风中心的位置，估计台风强度，监测台风移动方向和速度，以及狂风暴雨出现的地区等，对防止和减轻台风灾害起着关键作用。

图 9.10　遥感台风监测

空气温、湿度与土壤温度的观测

一、目的和要求

了解气象常用温度表、温度计的构造原理和安装使用方法，掌握空气温度和土壤温度的观测方法和记录整理方法。了解测定空气湿度的原理，掌握空气湿度的测定、计算与查算方法。

二、仪器、原理

液体温度表一般采用水银或酒精作为测温液体，利用水银或酒精热胀冷缩的特性对温度进行测量。常用的液体温度表有普通温度表、最高温度表和最低温度表。

（1）普通温度表

普通温度表的特点是毛细管内的水银柱长度随被测介质的温度变化而变化。常用的普通温度表主要有：

- 干球温度表：干球温度表用于测量空气温度。
- 湿球温度表：在干球温度表的感应球部包裹着湿润的纱布，因而被称为湿球温度表。干球温度表和湿球温度表配合可测量空气湿度。
- 地面普通温度表：地面普通温度表用于测量裸地表面的温度。

（2）最高温度表

最高温度表用来测量一段时间内出现的最高温度。其构造与普通温度表基本相同，不同之处是在最高温度表球部内嵌有一枚玻璃针，针尖插入毛细管使这一段毛细管变得窄小成为窄道，如实践图 1.1 所示。

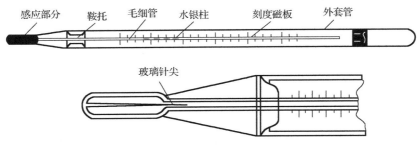

感应部分　鞍托　毛细管　水银柱　刻度磁板　外套管

玻璃针尖

实践图 1.1　最高温度表

升温时，球部水银体积膨胀，压力增大，迫使水银挤过窄道进入毛细管；降温时，球部水银体积收缩，毛细管中的水银应流回球部，但因水银的内聚力小于窄道处水银与管壁的摩擦力，水银柱在窄道处断裂，窄道以上毛细管中的水银无法缩回到感应部，水银柱仍停留在原处，即水银柱只会伸长，不会缩短。因此，水银柱顶端对应的读数即为过去一段时间内曾经出现过的最高温度。为了能观测到下一时段内的最高温度，观测完毕需调整最高温度表，调整方法是：用手握住表身中上部，感应部向下，刻度磁板与手甩动方向平行，手臂向前伸直，离身体约 30°的角度，用力向后甩动，重复几次，直到水银柱读数接近当时的温度。调整后放回原处时，应先放感应部，后放表身，以免毛细管内水银上滑。

（3）最低温度表

最低温度表用来测量一段时间内出现的最低温度。最低温度表以酒精作为测温液体。主要特点是在温度表毛细管的酒精柱中，有一个可以滑动的蓝色玻璃小游标，如实践图 1.2 所示。当温度上升时，酒精体积膨胀，由于游标本身有一定的质量，膨胀的酒精可从游标的周围慢慢流过，而不能带动游标，游标停留在原处不动；但温度下降时，毛细管中的酒精向感应部收缩，当酒精柱顶端凹面与游标相接触时，酒精柱凹面的表面张力大于毛细管壁对游标的摩擦力，从而带动游标向低温方向移动，即游标只会后退而不能前进。因此，游标远离感应部一端（右端）所对应的温度读数，即为过去一段时间内曾经出现过的最低温度。最低温度观测完后也应调整最低温度表，调整方法是：将感应球部向上抬起，表身倾斜使游标滑动到毛细管酒精柱的顶端。调整后放回原处时，应先放表身，后放感应球部，以免游标下滑。

（4）曲管地温表和直管地温表

曲管地温表（见实践图 1.3）用来测量浅层土壤温度，其球部呈圆柱形，靠近感应部弯曲成 135°的折角，玻璃套管的地下部分用石棉等物填充，以防止套管内空气的流动并隔绝其他土壤层热量变化对水银柱的影响。一套曲管地温表有四支，分别测量 5 cm、10 cm、15 cm、20 cm 深度的土壤温度。

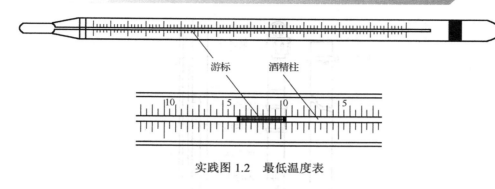

实践图 1.2　最低温度表

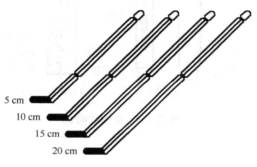

实践图 1.3　曲管地温计

　　直管地温表用来观测 40 cm、80 cm、160 cm、320 cm 等深度的土壤温度。直管地温表是装在带有铜底帽的管形保护框内，如实践图 1.4 所示，保护框中部有一长孔，使温度表刻度部位显露，便于读数。保护框的顶端连接在一根木棒上，整个木棒和地温表又放在一个硬橡胶套管内，木棒顶端有一个金属盖，恰好盖住橡胶套管，盖内装有毡垫，可阻止管内空气对流和管内外空气交换，以及防止降水等物落入。

　　（5）自记温度计

　　自记温度计是自动记录空气温度连续变化的仪器。自记温度计由感应部分（双金属片）、传递放大部分（杠杆）、自记部分（自记钟、纸、笔）组成，如实践图 1.5 所示。

　　自记温度计的感应部分是一个弯曲的双金属片，它由热膨胀系数较大的黄铜片与热膨胀系数较小的铟钢片焊接而成。双金属片的一端自记固定在支架上，另一端（自由端）连接在杠杆上。当温度变化时，两种金属膨胀或收缩的程度不同，其内应力使双金属片的弯曲程度发生改变，自由端发生位移，通过所连接的杠杆装置，带动自记笔尖在自记纸上画出温度变化的曲线。

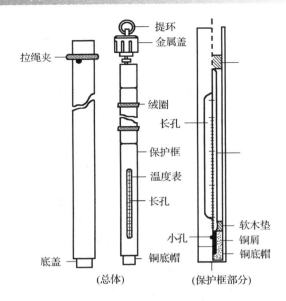

实践图 1.4　直管地温表

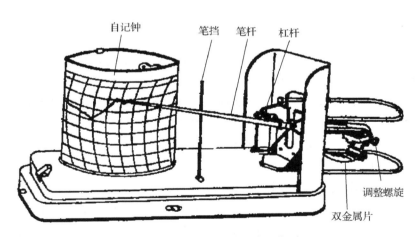

实践图 1.5　自记温度计及其工作原理

自记纸（专用坐标纸）紧贴在一个圆柱形的自记钟筒上，并用金属压纸条固定。温度自记纸上的弧形纵坐标为温度，横坐标为时间刻度线。自记钟和自记纸都有日记型和周记型两种，日记型自记纸使用期限为一天，每天 14 时更换自记纸；周记型自记纸使用期限为一星期。

（6）毛发湿度计

毛发湿度计是自动记录相对湿度连续变化的仪器，由感应部分（脱脂人发）、传动机械（杠杆曲臂）、自记部分（自记钟、纸、笔）组成，见实践图1.6。

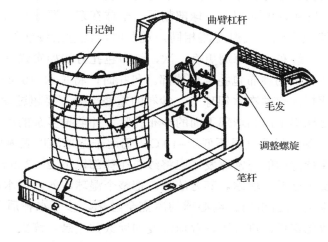

实践图1.6　毛发湿度计

（7）干、湿温度表

干湿球温度表由两支型号完全一样的温度表组成。一支用于测定空气温度，称为干球温度表，另一支球部包扎着气象观测专用的脱脂纱布，并使纱布保持湿润状态，称为湿球温度表。自然通风干湿球温度表和通风干湿表较常用。

"干、湿球法"测定空气湿度的原理：湿球温度表的湿球球部被纱布湿润后表面有一层水膜。空气未饱和时，湿球表面的水分不断蒸发，所消耗的潜热直接取自湿球周围的空气，使得湿球温度低于空气温度（即干球温度），它们的差值称为"干湿球差"。干湿球差的大小取决于湿球表面的蒸发速度，而蒸发速度又决定于空气的潮湿程度。若空气比较干燥，水分蒸发快，湿球失热多，则干湿球差大；反之，若空气比较潮湿，则干湿球差小。因此，可以根据干湿球差来确定空气湿度。此外，蒸发速度还与气压、风速等有关。用干湿球法测湿的公式如下：

$$e = E_w - AP(t - t_w)$$

式中，e 为水汽压（hPa），t 为干球温度（℃）即气温，t_w 为湿球温度（℃），P 为本站气压（hPa），A 是与通风速度和温度感应部分的形状有关的测湿系数，根据干湿表型号和通风速度来确定，E_w 为湿球温度下的饱和水汽压（hPa）。

只要测得 t，t_w 和 P，根据 t_w 值从饱和水汽压表中查得 E_w。将它们代入上式就可算出

e 值，进一步可计算出相对湿度（U）、饱和差（d）、露点温度（t_d）等湿度物理量。

① 自然通风干湿球温度表

自然通风湿球温度表是将纱布浸在蒸馏水杯里，使纱布保持湿润状态。干湿球两支温度表垂直悬挂在小百叶箱内的支架上，球部朝下，干球在东，湿球在西。

干湿表的观测读数方法与气温观测相同。观测时应注意给浸润纱布的水杯添满蒸馏水，纱布要保持清洁。纱布一般每周更换一次，纱布包扎方法如实践图 1.7 所示：采用气象观测专用吸水性能良好的纱布包扎湿球球部。包扎时，将长约 10 cm 的新纱布在蒸馏水中浸湿，平贴无褶折地包卷在水银球上，纱布的重叠部分不要超过球部圆周的 1/4。包好后，用纱线把高出球部上面和球部下面的纱布扎紧，并剪掉多余的纱线。纱布放入水杯中时，要折叠平整。冬季只要气温不低于-10℃，仍用干湿球温度表测定空气湿度。当湿球出现结冰时，为保持湿球的正常蒸发，应将纱布在球部以下 2～3 mm 处剪掉，将水杯拿回室内。观测前要进行湿球融冰。其方法是：把整个湿球浸入蒸馏水水杯内，使冰层完全融化。蒸馏水水温与室温相当。当湿球的冰完全融化，移开水杯后应除去纱布上的水滴。待湿球温度读数稳定后，进行干、湿球温度的读数并记录。读数后应检查湿球是否结冰（用铅笔侧棱试试纱布软硬）。如已结冰，应在湿球温度读数右上角记上"B"字，待查算湿度用。

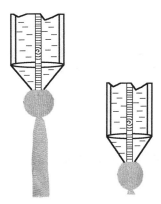

实践图 1.7　湿球纱布包扎和冻结时纱布剪掉示意图

② 通风干湿表

通风干湿表（阿斯曼）的构造如实践图 1.8 所示。

两支型号完全一样的温度表被固定在金属架上，感应部安装在保护套管内，套管表面镀有反射力强的镍或铬，避免太阳直接辐射的影响。保护套管的两层金属间空气流通，通风干湿表是野外观测空气温、湿度的常用仪器。

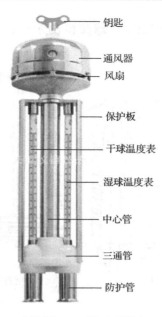

钥匙

通风器

风扇

保护板

干球温度表

湿球温度表

中心管

三通管

防护管

实践图 1.8 通风干湿表

三、仪器安装

1. 百叶箱仪器

百叶箱是安置测量温、湿度仪器用的防护设备（见实践图 1.9），可防止太阳直接辐射和地面反射辐射对仪器的作用，保护仪器免受强风、雨、雪等的影响，并使仪器感应部分有适当的通风，能感应外界环境空气温、湿度的变化。百叶箱分为大百叶箱和小百叶箱两种。大百叶箱安置自记温、湿度计，小百叶箱安置干湿球温度表和最高、最低温度表、毛发表。

在小百叶箱的底板中心，安装一个温度表支架，干球温度表和湿球温度表垂直悬挂在支架两侧，球部向下，干球在东，湿球在西，感应球部距地面 1.5 m 高。在温度表支架的下端有两对弧形钩，分别放置最高温度表和最低温度表，感应部分向东。

大百叶箱内，上面架子放毛发湿度计，高度以便于观测为准；下面架子放自记温度计，感应部分中心离地面 1.5 m。底座保持水平。

2. 地面温度表的安装

地面温度表（地面普通温度表、地面最低温度表和地面最高温度表）和曲管地温表，安装在地面气象观测场内靠南侧的面积为 2 m×4 m 的裸地上。地面三支温度表水平地平行安放在地面上，从北向南依次为地面普通温度表、地面最低温度表和地面最高温度表，相互间隔 5 cm，温度表感应球部朝东，球部和表身一半埋入土中，一半露出地面，如实践图 1.10 所示。

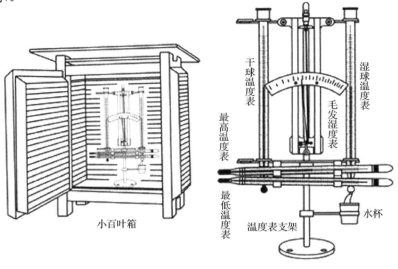

实践图 1.9　百叶箱仪器安放图

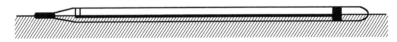

实践图 1.10　地面温度表安装示意图

曲管地温表安装在地面最低温度表的西边约 20 cm 处，按 5 cm、10 cm、15 cm、20 cm 深度顺序由东向西排列，感应部分朝北，表间相隔约 10 cm，表身与地面成 45° 的夹角。安装好的曲管地温表如实践图 1.11 所示。测量的深度越深，表身的长度就越长，以使曲管地温表的刻度部分都能露在地面上，便于观测读数。

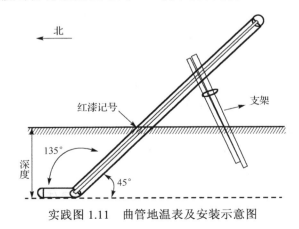

实践图 1.11　曲管地温表及安装示意图

直管地温表安置在观测场南边有自然覆盖 2 m×4 m 的地段上，与地面最低表和曲管地温表成一直线，从东到西由浅入深排列，彼此间隔 50 cm。

四、观测

（1）温度表观测

在常规地面气象观测中，温度在每天 02 时、08 时、14 时、20 时（北京时）进行观测，称为定时观测。最高温度和最低温度每天观测一次，在 20 时进行，高温季节则在 08 时。读数后要对最高温度表和最低温度表进行调整，观测地面最低温度后，将最低温度表取回室内，以防爆裂，20 时观测前一刻钟将其放回原处。直管地温表只在 14 时观测一次。

小百叶箱内的观测顺序是：干球温度表、湿球温度表、最高温度表、最低温度表、毛发表、调整最高温度表和最低温度表。大百叶箱内的观测顺序是先观测自记温度计，后观测毛发湿度计，读数后均要作时间记号。观测温度表读数时要迅速而准确，尽量减少人为影响。读数时视线应平视。

（2）温度计观测

定时观测自记温度计时，根据笔尖在自记纸上的位置观测读数，读数后要作时间记号。方法是轻轻按动一下仪器外侧右壁的计时按钮（如无计时按钮，应轻压自记笔杆在自记纸上作时间记号），使自记笔尖在自记纸上画一垂线。温度计的误差比较大，只有进行了时间订正与记录订正后的数据才是可用的。

日转仪器每天换纸，周转仪器每周换纸。换纸步骤如下：（1）作记录终止的记号（方法同定时观测做时间记号）。（2）掀开盒盖，拔出笔挡，取下自记钟筒（不取也可以），在自记迹线终端上角记下记录终止时间。（3）松开压纸条，取下记录纸，上好钟机发条（视自记钟的具体情况而定，切忌上得过紧），换上填写好站名、日期的新纸。上纸时，要求自记纸卷紧在钟筒上，两端的刻度线要对齐，底边紧靠钟筒突出的下缘，并注意勿使压纸条挡住有效记录的起止时间线。（4）在自记迹线开始记录一端的上角，写上记录开始时间，按反时针方向旋转自记钟筒（以消除大小齿轮间的空隙），使笔尖对准记录开始的时间，拔回笔挡并做一时间记号。（5）盖好仪器的盒盖。

笔尖及时添加墨水，但不要过满，以免墨水溢出。如果笔尖出水不顺畅或画线粗涩，应用光滑坚韧的薄纸疏通笔缝。疏通无效，更换笔尖。新笔尖先用酒精擦拭除油，再上墨水。更换笔尖要注意自记笔杆的长度必须与原来的长度等长。

如果周转型自记钟一周快慢超过半小时，或日转型自记钟一天快慢超过 10 min，要调整自记钟的快慢针。自记钟使用到一定期限（一年左右），要清洗加油。

（3）湿度计观测

湿度计的观测、使用同温度计。湿度计读数时取整数，当笔尖超过 100%时，估计读数，若笔尖超出钟筒，记录为"一"，表示缺测。

（4）地温观测

地温表的观测顺序是：地面普通温度表，地面最高温度表，地面最低温度表，5 cm、10 cm、15 cm、20 cm 曲管地温表，调整地面最高、最低温度表，40 cm、80 cm、160 cm、320 cm 直管地温表。观测地面温度时不能将温度表拿离地面；观测曲管地温表时，要使视线与水银柱顶端平齐，若温度表表身有露水或雨水，可用手轻轻擦掉，但不能触摸感应部位。

（5）通风干湿表观测

观测时将通风干湿表挂在测杆上，为与大气候观测资料比较，必须以 1.5 m 高度观测资料，其他悬挂高度视要求而定。为使仪器感应部分与周围空气的热量交换达到平衡，使用前应暴露 10 min 以上（冬季约 30 min）。观测前 4～5 min（干燥地区 2～3 min）将湿球纱布湿润，给风扇上足发条，上发条时应手握仪器颈部，发条不要上得太紧。湿球温度读数稳定后开始读数（先干球，后湿球）。读数时要从下风方向去接近仪器，不要用手接触保护管，身体也不要与仪器靠得太近。当风速大于 4 m/s 时，应将挡风罩套在风扇的迎风面上。

《湿度查算表》的查算方法：用干湿表测得干、湿球温度，同时又测得本站气压，就可以用公式计算出 e、U、t_d 等湿度要素值。实际工作中，往往使用根据测湿公式编好的《湿度查算表》直接查出各个湿度要素。

气压、风、云、降水、蒸发和能见度的观测

一、目的和要求

了解测定气压、风常用仪器构造、原理和使用方法。掌握水银气压表、空盒气压表气压读数订正以及求算本站气压方法。掌握风的观测资料整理和分析方法。了解降水量、降水强度划分，掌握各种雨量器的构造、原理和使用方法。了解蒸发量的概念，掌握蒸发器的构造。

二、仪器、原理和使用方法

实验仪器：水银气压表、空盒气压表；EL 型电接风向风速计、便携式三杯风向风速仪；雨量器、虹吸式雨量计、翻斗式雨量计；小型蒸发器。

实验内容：测量当时所在地点的气压，求算本站气压；观测风向、风速，练习便携式三杯风向风速仪的安装及实时观测；降水量和蒸发量的实时观测。

1．气压测定

测定气压的仪器，主要有液体气压表，包括动槽式和定槽式水银气压表；空盒气压表和气压计等。根据观测目的不同，可选择不同的气压仪器进行观测。

（1）水银气压表

水银气压表是性能稳定，精度较高的气压测定仪器。它是用一根一端封闭的玻璃管装满水银，开口一端倒插入水银槽中，管内水银柱受重力作用而下降，当作用在水银槽水银面上的大气压强与玻璃管内水银柱作用在水银槽内水银面上的压强相平衡时，水银柱就稳定在某一高度上，这个高度即表示出当时的气压。常用水银气压表有动槽式（福丁式）和定槽式（寇鸟式）两种（见实践图 2.1）。

① 动槽式（福丁式）水银气压表

动槽式水银气压表主要由玻璃内管、外部套管和读数标尺及水银槽三部分组成，构造如实践图 2.1 所示。在水银槽的上部有一象牙针，针尖位置为刻度标尺的零点。每次观测必须按要求将槽内的水银面调至象牙针尖的位置。

内管是一直径约 8 mm、长约 900 mm 的玻璃管，顶端封闭，底端开口，开口处内径

成锥形，经过专门的方法洗涤干净并抽成真空后，灌满纯净的水银，内管装在气压表的外套管中，开口的一端插在水银槽中。

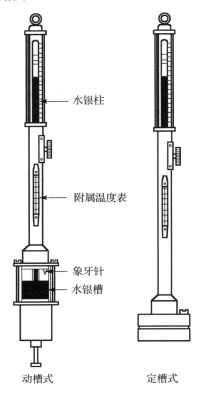

动槽式   定槽式

实践图 2.1 动槽式和定槽式水银气压表

外套管是用黄铜制成的，起保护与固定内管的作用，其上部刻有毫米的标尺，上半部前后都开有长方形的窗孔，用来观测内管水银柱的高度，调整螺丝能使游尺上下移动，标尺和游尺分别用来测定气压的整数和小数，套管的下部装有一支附属温度表，其球部在内管与套管之间，用来测定水银及铜套管的温度。

水银槽分为上下两部分，中间有一个玻璃圈，并用三根吊环螺丝扣紧。水银槽的上部主要是一个皮囊，是用很软的羊皮制成的，其特性是能通气而不漏水银。用来指示刻度零点的象牙针固定在木杯的平面上，其尖端向下。槽的下部是一个圆袋状皮囊，囊外有一铜套管，铜套管底盘中央有一个用以调节水银面的调节螺丝。

② 定槽式（寇乌式）水银气压表

定槽式水银气压表构造上也分内管、套管和水银槽三部分。内管和套管构造大体与动槽式相同。槽部用铸铁或铜制成，内盛定量水银。槽顶有一气孔螺丝，空气通过此螺丝的

空隙与槽内水银面接触，它与动槽式水银气压表不同处是刻度尺零点位置不固定，槽部无水银面调整装置。因此，采用补偿标尺刻度的办法，以解决零点位置的变动。

（2）水银气压表的安装

将气压表安置在室内气温变化小，阳光充足又无太阳直射的地方，垂直地悬挂在墙壁或柱子上。室内不得安置热源，如暖气和炉灶等，也不得安置在窗户旁边。不要震动气压表。安装前，应将挂板或保护箱牢固地固定在准备悬挂该表的地方，再小心地从木盒中取出气压表，槽部在下。然后先将槽的下端插入挂板的固定环里，再把表顶悬环套入挂钩中，使气压表自然垂直后，慢慢旋紧固定环上的三个螺丝（不能改变气压表的自然垂直状态），将气压表固定。最后旋转槽底部螺旋，使槽内水银面下降到象牙针尖稍下的位置为止。安稳 3 个小时后，才可以观测使用。

（3）水银气压表观测方法及步骤

① 观测

观测附属温度表，精确到 0.1℃；调整水银面与象牙针恰好相接，水银面上既无小涡（如有小涡，则表示水银面高了），也无空隙。调整动作要轻，使水银面自下而上缓慢升高；调整游尺恰好与水银柱相切。调整时要注意保持视线与水银柱同高，从上往下调。使游尺前后下缘与水银柱凸顶点刚好相切，这时在顶点两旁可以看到三角形空隙。读数并记录。先在标尺上读取整数，后在游尺上读取小数，以毫米（或 hPa）为单位。精确到 0.1，记入气压读数栏内。降下水银面，读数复验后，旋转槽底调节螺丝使水银面离开象牙针尖约 2～3 mm。

② 读数订正

水银气压表的读数，只表示观测时所得的水银柱高度。一方面，由于气压表的构造技术条件限制会产生一些仪器误差；另一方面，由于气压表并不是总在标准情况下使用，即使气压相同，也会因温度和重力加速度的不同，水银柱高度不一样。因此，水银气压表的读数要经过仪器误差、温度差、纬度重力差和高度重力差的订正才是本站气压。

a. 仪器差订正：从该气压表的检定证中查取仪器差订正值，然后与气压读数相加，得出经过仪器差订正后的气压值。

b. 温度差订正：用经过仪器差订正后的气压值和附属温度值，从《气象常用表》（第 2 号）第一表中查取温度差订正值。附属温度在 0℃以上时，订正值为负；附属温度在 0℃以下时，订正值为正。温度差订正值与经过仪器差订正的气压值相加，得出经过温度差订正后的气压值。

c. 重力差订正：重力差订正包括纬度重力差订正和高度重力差订正两方面。纬度重力差订正是用经过温度差订正后的气压值与本站纬度，从《气象常用表》（第 3 号）第一表中查取纬度重力差订正值。测站纬度大于 45° 者，订正值为正；小于 45° 者订正值为负。

高度重力差订正是用经过温度差订正后的气压值与本站水银槽海拔高度值，从《气象常用表》（第 3 号）第二表中查取重力差订正值。海拔高度高出海平面的，订正值为负；低于海平面的，订正值为正。上述两项订正值，合称重力差订正值。重力差订正值与经过温度差订正后的气压值相加即为本站气压值。

（4）空盒气压表

① 仪器构造

空盒气压表是利用空盒弹力与大气压力相平衡的原理制成的。该仪器具有便于携带，使用方便，维护容易等特点，多用于野外观测使用。空盒气压表由感应部分、传递放大部分和读数部分组成。如实践图 2.2 所示。

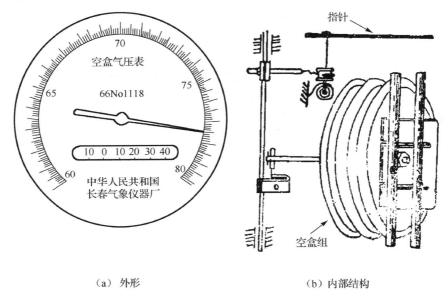

（a）外形　　　　　　　　　　　　（b）内部结构

实践图 2.2　空盒气压表

感应部分是一组有弹性的密闭圆形金属空盒。盒内近似真空，空盒组的一端与传递放大部分连接，另一端固定在金属板上。传递放大部分是由传动杆、水平轴、拉杆、游丝和指针等组成，该装置能将感应部分的微小变形放大 1000 倍以上，并带动指针指示出气压值。读数部分由指针、刻度盘和附属温度表组成。根据指针在刻度盘上的位置可读出当时的气压值，附属温度表的读数用来对当时的气压值进行温度订正。

② 观测方法

打开盒盖后，先读附温，精确到 0.1℃，然后轻敲盒面（克服机械摩擦），待指针静止后再读数。读数时视线垂直于刻度盘，读取指针尖端所指示的位置，精确到 0.1 hPa。

③ 读数订正

读数订正包括刻度订正、温度订正和补充订正三部分。

a. 刻度订正：刻度订正值可以从气压表仪器检定证中读取，如果读出的气压值在检定证中没有列出的，可以用内插法计算（精确到小数一位）；

b. 温度订正：由于温度变化，引起空盒弹性发生改变，所以应进行温度订正。温度订正值的计算公式为 $\Delta P = at$，式中 a 为温度系数，即温度改变1℃时，空盒气压表的示度改变值，可在检定证中查得；t 为附温读数；

c. 补充订正：空盒气压表须定期与标准水银气压表进行比较，求出由于空盒气压表的残余变形所引起的误差后，才是准确的本站气压值。补充订正值在检定证书上可以查到，但该值使用不能超过6个月，超过时必须重新进行检定。使用新的订正值。

空盒气压表的读数经过上述三项订正后，才是准确的本站气压值。

即：本站气压=气压表读数+刻度订正+温度订正+补充订正。

2．风的观测

（1）观测项目

① 风向

风是矢量，所以风的观测包括风向和风速两部分，由于风的阵性特点，在风向、风速的仪器测定和资料使用上，有瞬时值和平均值两种。

风向：指风吹来的水平方向，以16方位表示。有时也用度数表示风向，以北为0°，南为180°，西为270°，再回到北360°，如实践图2.3所示。

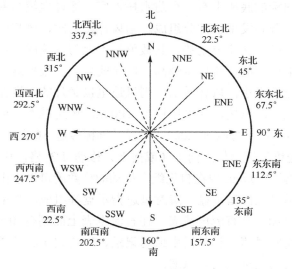

实践图2.3　风向16方位图

② 风速：单位时间风的水平运动距离，单位为 m/s。

a. EL 型电接风向风速计

电接风向风速计是目前台站普遍使用的有线遥测仪器，是一种既可以观测平均风速，又可以观测瞬时风速并能自动记录的仪器。

构造与工作原理：EL 型电接风向风速计由感应器、指示器、记录器组成（见实践图 2.4）。

实践图 2.4　EL 型电接风向风速计

感应器安装在室外塔架上，分为风速表和风向标两部分。风速表安装在风向标的上面，用螺丝固定。风向标的底座上有一个防水插入座，通过电缆与室内的指示器和记录器相通。风速表由电接部分和发电机部分组成。当风杯转动时，风杯轴同时还带动磁钢在锭子线圈中转动，线圈上产生交流电动势，其数值基本上与风速成正比。风速越大，磁钢转动越快，锭子线圈两端产生的交流电压越高，电流就越大。根据这个原理就可以通过电流值的大小间接测出风速的大小；风杯转动，则风速电接簧片的一端在凸轮表面上滑动。风杯转过 80 圈后，完成一次电接，代表风程为 200 m，风速越大，风杯转得越快，单位时间内电接的次数就越多。由于每吹过 200 m 风程（风杯转过 80 圈），接点就接触一次，记录器风速笔尖就在自记纸风速坐标上向上（或向下）移动 1/3 格，接触 3 次移动一个格，代表风速 1 m/s。根据笔尖 10 min 内在自记纸上移动的格数就可以求出当时的平均风速。

指示器由电源、瞬时风向指示盘、瞬时风速指示盘等组成。其中瞬时风速指示部分包括一个小型交流发电机和一个直流电流表，在直流电表上面刻有 0～20 m/s 和 0～40 m/s 两行刻度，用来观测瞬时风速。记录器由风速记录、风向记录、笔挡、自记钟、电路接线板等五部分组成，可自动记录风向、风速。

安装：感应器应安装在牢固的高杆或塔架上，并附设避雷装置。风速感应器（风杯中心）距离地面高度 10～12 m；若安装在平台上，风速感应器距平台面（平台有围墙者，为距离围墙顶）6～8 m，且距离地面不得低于 10 m。感应器中轴应垂直，方位指南杆指向正南，应在高杆或塔架正南方向的地面上，固定一个小木桩做标志。指示器、记录器应平稳地安装在室内桌面上，用电缆与感应器相连接。电源使用交流电（220 V）或干电池（12 V）。若使用干电池，应注意正负极不要接错。

观测与记录：打开指示器的风向、风速开关，观测两分钟内风速指针摆动的平均位置，读取整数。记入观测簿相应栏中。风速小时，把风速开关拨在"20"挡，读 0～20 m/s 的标尺；风速较大时，把开关拨在"40"挡，读取 0～40 m/s 标尺。在观测风速的同时，观测风向指示灯，读取 2 min 内的最多风向，按 16 方位缩写记载。静风时，风速记为 0，风向记为 C，平均风速大于 40 m/s，记为>40。做日合计、日平均时，按 40 m/s 统计。

自记纸的更换方法、步骤与温度计基本相同。不同点是笔尖在自记纸上作时间记号采用下压风速自记笔杆的方法。换纸后，不必做逆时针法对时。对准时间后必须将钟筒上的压紧螺帽拧紧。

整理自记纸时，首先进行时间差订正：以实际时间为准，根据换下自记纸上的时间记号，求出自记钟在 24 h 内的计时误差，按此误差分配到每小时，再用铅笔在自记线上做出各正点的时间记号。当自记钟在 24 h 的误差≤20 min 时，不必做时间差订正。但要尽量找出造成误差的原因，然后消除。记录风速时，计算正点前 10 min 内的风速，按迹线通过自记纸上水平分格线的格数（1 个格相当于 1.0 m/s）来计算。风速画平线时，记为 0.0，同时风向记 C。风向自记部分每 2 min 记录一次风向，故 10 min 内头尾共有 5 次记录（画线）。在 5 次记录中，取其出现次数最多的风向，作为该 10 min 的平均风向。如最多风向有两次出现次数相同，应舍去最左面的一次画线，而在其余的 4 次画线中挑选；若仍有两个相同，再舍去左面一次画线，按右面的 3 次挑选。如 5 次画线都是不同的方向，则以最右面的一次画线作为该时间的记录。

b. 便携式三杯风向风速仪

便携式三杯风向风速仪，是测量风向和 1 min 内平均风速的仪器，适用于野外等流动观测。

1）构造及工作原理

便携式三杯风向风速仪（见实践图 2.5）由风向部分（包括风向标、方位盘、制动小套）、风速部分（包括十字护架、风杯、风速表主体）和手柄三部分组成。当压下风速按钮，启动风速表后，风杯随风转动，带动风速表主机内的齿轮组，指针即在刻度盘上指示出风速。同时，时间控制系统开始工作，1 min 后自动停止计时，风速指针也停止转动。指示风的方位盘，系一磁罗盘，当自动小套管打开后，罗盘按地磁子午线的方向稳定下来，风向标随风摆动，其指针即指当时的风向。

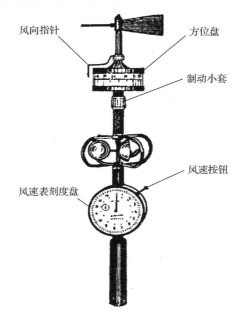

实践图 2.5　便携式三杯风向风速仪

2）观测方法

观测时将仪器带至空旷处，观测者站在仪器的下风方手持仪器，高出头部并保持垂直，风速表刻度盘与当时的风向平行；然后，将方位盘制动小套向右旋转一角度，使方位盘制动小套按地磁方向稳定下来，注视风向约 2 min，以摆动范围的中间位置记录风向。

观测风速时，待风杯旋转约半分钟，按下风速按钮，启动仪器。1 min 后，指针自动停转，读出风速示值，将此值从风速订正曲线图中查出实际风速（保留一位小数），即为所测的平均风速。观测完毕，将方位盘、制动小套左转一小角度，借弹簧的弹力，小套管弹回上方，固定好方位盘。

3．云的观测

（1）云状的判定与记录

云状的判定，主要根据天空中云的外形特征、结构、色泽、排列、高度以及伴见的天气现象，参照"云图"，经过认真细致的分析对比判定是哪种云。判定云状要特别注意云的连续演变过程。

云状记录按"云状分类表"中 29 类云的简写字母记载。多种云状出现时，云量多的云状记在前面；云量相同时，记录先后次序自定；无云时，云状栏空白。

（2）云量

云量是指云遮蔽天空视野的成数。估计云量的地点应尽可能见到全部天空，当天空部

分为障碍物（如山、房屋等）所遮蔽时，云量应从未被遮蔽的天空部分中估计；如果一部分天空为降水所遮蔽，这部分天空应作为被产生降水的云所遮蔽来看待。

云量观测包括总云量、低云量。总云量是指观测时天空被所有的云遮蔽的总成数，低云量是指天空被低云族的云所遮蔽的成数，均记整数。

全天无云，总云量记 0；天空完全为云所遮蔽，记 10；天空完全为云所遮蔽，但只要从云隙中可见青天，则记 10−；云占全天十分之一，总云量记 1；云占全天十分之二，总云量记 2，其余以此类推。天空有少许云，其量不到天空的十分之零点五时，总云量记 0。

（3）云高

云高指云底距测站的垂直距离，以米（m）为单位，记录取整数。有条件的测站云高应尽量实测；无条件实测时，只在发报观测时进行估测，并在云高数值前加记云状。云状只记 10 个云属和 Fc、Fs、Fn 三个云类。实测云高在数值右上角记"S"，估测云高不记任何符号。

a. 目测云高：根据云状来估测云高，首先必须正确判定云状，同时可根据云体结构，云块大小、亮度、颜色、移动速度等情况，结合本地常见的云高范围（见实践表2.1）进行估测。根据观测经验，目力估测云高有较大误差。所以有条件的气象站，应经常对比目测云高与实测结果，总结和积累经验，提高目测水平。

实践表 2.1　各云属常见云底高度范围表

云　　属	常见云底高度范围（m）	说　　明
积云	600～2000	沿海及潮湿地区，或雨后初晴的潮湿地带，云底较低，有时在 600 m 以下；沙漠和干燥地区，有时高达 3000 m 左右
积雨云	600～2000	一般与积云云底相同，有时由于有降水，云底比积云低
层积云	600～2500	当低层水汽充沛时，云底高可在 600 m 以下。个别地区有时高达 3500 m 左右
层云	50～800	与低层湿度密切关系，湿度大时云底较低；低层湿度小时，云底较高
雨层云	600～2000	刚由高层云变来的雨层云，云底一般较高
高层云	2500～4500	刚由卷层云变来的高层云，有时可高达 6000 m 左右
高积云	2500～4500	夏季，在我国南方，有时可高达 8000 m 左右
卷云	4500～10 000	夏季，在我国南方，有时高达 17 000 m；冬季在我国北方和西部高原地区可低至 2000 m 以下
卷层云	4500～8000	冬季在我国北方和西部高原地区，有时可低至 2000 m 以下
卷积云	4500～8000	有时与卷云高度相同

b. 利用已知目标物高度估测云高：当测站附近有山、高的建筑物、塔架等高大目标物时，可以利用这些物体的高度估测云高。首先应了解或测定目标物顶部和其他明显部位的高度，当云底接触目标物或掩蔽其一部分时，可根据已知高度估测云高。

4．降水和蒸发的观测

降水量是指从天空降落到地面上的液态或固态（经融化后）降水，未经蒸发、渗透、流失而积聚在水平面上的水层深度。以毫米（mm）为单位，保留一位小数。单位时间内的降水量，称为降水强度（mm/d 或 mm/h）。按降水量强度的大小可将雨分为小雨、中雨、大雨、暴雨、大暴雨和特大暴雨等。降雪也分为小雪、中雪和大雪。

（1）降水量的测定

测定降水的仪器有雨量器、虹吸式雨量计和量雪尺、称雪器等。

① 雨量器

a．雨量器构造

雨量器为一金属圆筒，目前我国所用的是筒直径为 20 cm 的雨量器，包括承水器（承接降水）、漏斗、收集雨量的储水瓶和储水筒，并配有专用雨量杯。它们的构造如实践图 2.6 所示。

雨量器承水器口做成内直外斜的刀刃形，防止多余的雨水溅入，提高测量的精确性。冬季下大雪时，为了避免降雪堆积在漏斗中，被风吹出或倾出器外，可将漏斗取去或将漏斗口换成同面积的承雪口使用。雨量杯是一个特制的玻璃杯，刻度一般从 0 到 10.5 mm，每一小格代表 0.1 mm，每一大格代表 1 mm。

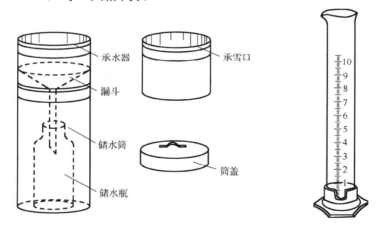

实践图 2.6　雨量器和雨量杯

b．雨量器的安装

雨量器安置在观测场内，避免四周仪器及障碍物影响。器口距地面高度 70 cm，并应保持水平。冬季积雪较深地区，应在其附近装一备份架子。当雨量器安装在此架子上时，器口距地高度为 1.0～1.2 m。在雪深超过 30 cm 时。就应把仪器移至备份架子上进行观测。

c. 观测和记录

每天 08 时、14 时、20 时、02 时进行观测。在炎热干燥的日子，降水停止后要及时进行补充观测，以免蒸发过速，影响记录。观测时把储水瓶内的水倒入量杯中，用食指和拇指夹住量杯上端，使其自由下垂，视线与凹月面最低处平齐，读取刻度数，精确到 0.1 mm，记入观测簿。当没有降水时，降水量记录栏空白不填；当降水量不足 0.05 mm 或观测前确有微量降水，但因蒸发过速，观测时已经没有了，降水量应记 0.0。冬季出现固态降水时，须将漏斗和储水瓶取出，直接用储水筒容纳降水。观测时将储水铜盖上盖子，取回室内，待固态水融化后，用雨量杯量取或用台秤称量。

② 虹吸式雨量计

虹吸式雨量计能够连续记录液体降水的降水量，所以通过降水记录可以观测到降水量、降水的起止时间、降水强度。虹吸式雨量计的构造如实践图 2.7 所示。

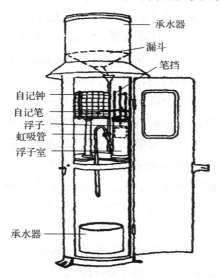

实践图 2.7　虹吸式雨量计

a. 虹吸式雨量计的构造

气象台站所用的虹吸式雨量计的承水器直径一般为 20 cm。

降雨时雨水通过承水器、漏斗进入浮子室后，水面升高，浮子和笔杆也随着上升。随着容器内水集聚的快慢，笔尖在自记纸上记出相应的曲线，表示降水量及其随时间的变化。当笔尖到达自记纸上限时（一般相当于 10 mm 或 20 mm 降水量），器内的水就从浮子室旁的虹吸管排出，流入管下的标准容器中，笔尖即落到 0 线上。若仍有降水，则笔尖又重新开始随之上升。降水强度大时，笔尖上升得快，曲线陡；反之，降水强度小时，笔尖

上升慢，曲线平缓。因此，自记纸上曲线的斜率就表示出降水强度的大小。由于浮子室的横截面积比承水器筒口的面积小，因此自记笔所画出的降水曲线是经过放大的。

b. 虹吸式雨量计的安装

虹吸式雨量计应安装在观测场内雨量器的附近。接水器口离地面高以仪器自身高度为准，器口应水平，并用三根纤绳拉紧。

安装时把雨量计外壳安在埋入土中的木柱或水泥底座上，然后按以下顺序安放内部零件。将容器放在规定的位置上，使管子上的漏斗刚好位于接水器流水小管的下面。再旋紧台板下的螺丝，将容器紧紧固定。将卷好自记纸的钟筒套入钟轴上，注意钟筒下的齿轮与座轴上的大齿轮衔接好。将虹吸管短的一端插入容器的旁管中，使铜套管抵住连接器。

c. 虹吸式雨量计的观测、记录方法

使用时，将自记钟上好发条，装上自记纸，给自记笔尖上好墨水，并将笔尖置于自记纸的"0"刻度线上。从自记纸上读取降水量，并将读数记入观测簿相应栏中。在寒冷季节，若遇固体降水，凡是随降随化者，仍照常读数和记录。若出现结冰现象，仪器应停止使用，并在观测簿备注栏注明。同时将浮子室内的水排尽，以免结冰损坏仪器。

自记纸的更换：无降水时，自记纸可连续使用 8~10 d，每天于换纸时间加注 1.0 mm 水量，使笔尖抬高笔位，以免每日的迹线重叠。转过钟筒，重新对好时间；有降水时（自记迹线≥0.1 mm）时，必须在规定时间换纸，自记记录开始和终止的两端须做时间记号，方法是：轻抬固定在浮子直杆上的自记笔根部，使笔尖在自记纸上画一短垂线。若记录开始或终止时有降水，则应用铅笔做时间记号；当自记纸上有降水记录，但换纸时无降水，则在换纸时做人工虹吸（注水入承水器，产生虹吸），使笔尖回到"0"线位置。若正在降水，则不做人工虹吸。

自记纸的整理：凡是 24 h 自记钟记时误差达 1 min 或以上时，自记纸均须做时间差订正。以实际时间为准，根据换下自记纸上的时间记号，求出自记钟在 24 h 内记时误差的总变量，将其平均分配到每个小时，再用铅笔在自记迹线上做出各正点的时间记号。在降水微小的时候，自记纸上的迹线上升缓慢，只有在累积量达 0.05 mm 或以上的那个小时，才计算降水量。其余不足 0.05 mm 的各时栏空白。

③ 翻斗式遥测雨量计

翻斗式遥测雨量计是雨量自记仪器. 它可测量及记录液态降水量，降水起止时间和降水强度。采用有线遥测，观测方便。

a. 仪器构造和原理

翻斗式遥测雨量计由感应器和记录器等部分组成（见实践图 2.8）。感应器主要由承水器、上翻斗、计量翻斗、计数翻斗、干簧开关等构成。雨水由承水器汇集，经漏斗进入上翻斗。当上翻斗承积的降水量为某一数值时，上翻斗倾倒，降水经汇集斗节流铜管流入计量翻斗。当计量翻斗承积的降水量为 0.1 mm 时，计量翻斗把降水倾倒入计数翻斗，使计数翻斗翻转一次。计数翻斗在翻转时，磁簧对干簧管扫描一次，干簧管因磁化而闭合一次。这样，降水量每达到 0.1 mm 时，就送出一个闭合一次的开关信号。

记录器由计数器、电磁步进记录笔组、自记钟及控制线路板等构成。当感应器送来一个脉冲信号，电磁铁即吸动一次。棘爪推动棘轮前进一齿，并使进给轮跟着旋转，进给轮带动履带沿靠块运动，履带则带动自记笔记录。在电磁铁吸动 100 次后，自记笔与履带脱开，自记笔由上下落，回到自记纸的"0"线，再重新开始记录，就能不断记出阶梯式的自记记录线来。面板上的笔位按钮和粗调轮都是调整笔尖位置用的。按动笔位按钮一次，自记笔跳上一格。如需在较大范围内调整笔位可旋转粗调轮。自记钟和自记纸与一般自记仪器相同。

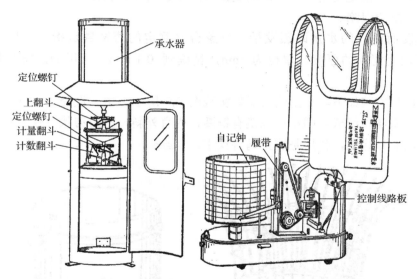

实践图 2.8　翻斗式遥测雨量计感应器和室内自记设备

b. 翻斗式遥测雨量计的安装

仪器安装前，应对感应器和记录器进行检查。注意当上翻斗处于水平位置时，漏斗进水口应对准其中间隔板；检查记录器时，插上控制线路板，将阻尼油（30 号机油）注满阻尼管，接上电源，用短导线在信号输入接线柱上断续进行短接，此时，记录计数应能同时工作。然后装上自记纸，用电缆线将感应器和记录器连接，把计量翻斗与计数翻斗倾向于同一方，将自记笔位调到零位，按动回零按钮，将计数回"0"。

将清水徐徐注入承水器漏斗，随时观察计数翻斗翻动过程中有无不发或多发信号的情况，并注意计数器的数值和自记纸上的数值是否任何时候都相等（允许差 0.2 mm）。当笔尖第三次到达 10 mm（履带转一圈为 30 mm）时，自记笔必须下落到零位。然后注入 60～70 mm 的水量，如无不发生或多发信号现象，且计数器与自记纸上的数值符合，说明仪器正常，否则需检修调节：感应器安装在观测场内，底盘用三个螺钉固定在混凝土底座或木桩上，要求安装牢固，器口水平。电缆接在接线柱上并从筒身圆孔中引出，电缆可架空或地下敷设。记录器安置在室内稳固的桌面上，避免震动。为保持记录的连续性，应同时接上交流（220 V）和直流（12 V）电源。

c. 翻斗式遥测雨量计的观测和记录

降水量可从记录器上读取和记录，自记纸记录供整理各时雨量及挑选极值用。遇固态降水，凡是随降随化的，仍照常读数和记录。否则，应将承水器口加盖，仪器停止使用，待有液态降水时再恢复使用。自记纸的更换与虹吸式雨量计类似。

（2）蒸发量的观测

由于蒸发而消耗的水量即蒸发量。气象台站测定的蒸发量是指一定口径的蒸发器中的水因蒸发而消耗的厚度，单位为 mm，精确到 0.1 mm。常用的蒸发测量装置为小型蒸发器。

仪器构造与安装如下。小型蒸发器如实践图 2.9 所示，由一直径 20 cm、高 10 cm 的金属圆盆和一铁丝罩组成。圆盆口缘镶有铜圈，内直外斜，呈刀刃状，作用是分离雨水。铁丝罩罩在圆盆口缘上，作用是防止鸟兽饮水。

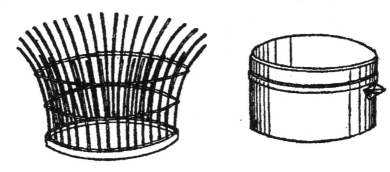

实践图 2.9　小型蒸发器及蒸发罩

小型蒸发器安放在雨量筒附近。要求终日能受到光照，口缘距离地表 70 cm，器口水平。冬季积雪较深时参照雨量筒。

观测记录：每天 20 时观测，首先测量并记录经过 24 h 后蒸发器内剩余水量（即余量），然后重新注入 20 mm 清水（即原量），蒸发旺盛时可增加至 30 mm，并记入第二天观测簿原量栏。20 时获得的 24 h 蒸发量 = 原量+前 24 h 降水量−余量。

如果蒸发器内水蒸干，则记为>20.0 mm（或>30.0 mm）。结冰时用称量法测定，一般季节采用量杯量或称量均可。如果结冰后表面有尘沙，则应除去尘沙再称量。有降水时应去掉铁丝罩，有强烈降水时应随时注意从器内取出一定水量，以防溢出。取出的水记录为该日的余量。

5．白天能见度的观测

（1）能见度目标物

在观测点四周不同方向、不同距离上选择若干固定能见度目标物。

a. 目标物的颜色应当越深越好，而且亮度要一年四季不变或少变的。浅色、反光强的物体不适宜选为目标物。

b. 目标物应尽可能以天空为背景，若以其他物体（如山、森林等）为背景时，则要求目标物在背景的衬托下，轮廓清晰，且与背景的距离尽可能远一些。

c. 目标物大小要适度。近的目标物可以小一些，远的目标物则应适当大一些。目标物的大小以视角表示，目标物的视角以 0.5°～5.0° 为宜。

d. 由于气象站观测的是水平能见度，因此目标物的仰角不宜超过 6°。

在沙漠、草原或其他地物稀少的地区，可采用人工设置目标物，并视其清晰程度来判定能见度。人工设置的目标物，一般多用来估计 1 km 以内的能见度，物体大小要适度，材料因地制宜（木板、土墙、水泥预制件等），向着观测点的一面应涂成黑色。

观测能见度必须选择在视野开阔，能看到所有目标物的固定地点作为能见度的观测点。观测四周事先测定的各目标物，根据"能见"的最远目标物和"不能见"的最近目标物，从而判定当时的能见距离。

（2）观测注意事项

a. 值班观测员应随时观测和记录出现在视区内的全部天气现象。夜间不守班的气象站，对夜间出现的天气现象，应尽量判断记录。

b. 为正确判断某一现象，有的时候还要参照气象要素的变化和其他天气现象综合进行判断。

c. 凡与水平能见度有关的现象，均以有效水平能见度为准，并在能见度观测地点观测判断天气现象。

辐射的测量

一、目的和要求

了解测量太阳辐射常用仪器的构造和原理。掌握太阳辐射通量密度的观测、计算方法。

二、仪器、原理

太阳辐射以两种方式到达地面，一是以平行光的形式直接投射到地面上，称为太阳直接辐射；一是经过质点散射后，以散射光的形式投射到地面上，称为散射辐射；两者之和为到达地面的太阳总辐射。到达地面的太阳总辐射不能完全被地面吸收，有一部分被地面反射，地面反射辐射的大小与地面对太阳辐射或者称短波辐射的反射率有关。单位时间、单位面积地表面吸收的太阳总辐射和大气逆辐射与本身发射辐射之差称为地面净辐射。辐射能的单位用焦（J）表示。辐射通量密度是单位时间、单位面积上发射或吸收的辐射能量。单位是瓦/米^2（W / m^2）。

测量辐射常用的仪器有总辐射表、直接辐射表、净辐射表和散射辐射表。

- 总辐射表：测量水平面上的天空散射辐射和下垫面反射辐射通量密度；
- 直接辐射表：测量到达地面的太阳直接辐射通量密度；
- 净辐射表：测量天空（太阳、大气）向下与下垫面（土壤、植物、水面等）向上发射辐射通量密度之差值；
- 散射辐射表：测量遮挡太阳直接辐射后的辐射通量密度。

1. 辐射表的构造及测量原理

（1）总辐射表

总辐射表由感应件、玻璃罩和附件组成（见实践图 3.1）。

感应件由感应面与热电堆组成，涂黑感应面通常为圆形，也有方形。热电堆由康铜、康铜镀铜构成。另一种感应面由黑白相间的金属片构成，利用黑白片吸收率的不同，测定其下端热电堆温差电动势，然后转换成辐照度。仪器的灵敏度为 7～14 μV·W^{-1}·m^2。响应时间≤60 s（响应稳态值 99%时）。余弦响应指标规定如下：太阳高度角为 10°、30° 时，余弦响应误差分别≤10%、≤5%。

玻璃罩为半球形双层石英玻璃构成。它既能防风，又能透过波长 0.3～3.0 μm 范围的短波辐射，其透过率为常数且接近 0.9。双层罩的作用是为了防止外层罩的红外辐射影响，减少测量误差。

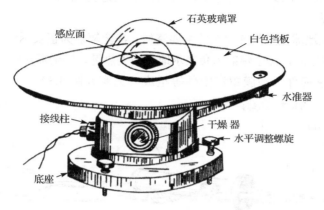

实践图 3.1　总辐射表

（2）直接辐射表

直接辐射表主要由感应器、进光筒、支架和底座构成，如实践图 3.2 所示。直接辐射表的感应器是由 36 对康铜－锰铜薄片串联组成的热电堆，置于进光筒的底部，其接收日射面涂有吸收率很高的黑色涂料，背面焊有星盘状温差热电堆的热接点，冷接点焊在底座的铜环上与进光筒外壳相连，便于与气温平衡。为了消除风及旁侧辐射的影响，进光筒内有 5 个直径逐渐变小的环形光栅，光栅内侧涂黑，外侧镀镍。

实践图 3.2　直接辐射表

测量时，必须将进光筒感应面正对太阳，让穿过小孔的光点正好落在筒尾端的小黑点上。当涂黑的银箔片受日光直射后，温度升高，由此产生温差电能，温差电能的大小与直接辐射的辐射通量密度成正比。通过换算可得到太阳直接辐射的辐射通量密度。

进光筒固定在支架上，支架上有螺丝用来对准当地纬度刻度。底座上有一箭头指向北，用此来对准当地子午线。观测完毕，用筒盖盖上进光筒口。

（3）净全辐射表

净全辐射是研究地球热量收支状况的主要资料。净全辐射为正表示地表增热，即地表接收到的辐射大于发射的辐射，净全辐射为负表示地表损失热量。净全辐射用净全辐射表测量。

净全辐射表由感应件、薄膜罩和附件等组成（见实践图3.3）。

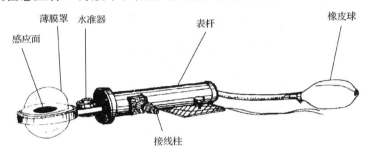

实践图 3.3　净全辐射表

净全辐射表感应件也是由涂黑感应面与热电堆组成。但与总辐射表不同，它有上下两个感应面，两面均能吸收波长为 0.3～100 μm 全波段辐射。热电堆两端与上下两个感应面相贴合。由于上下感应面吸收的辐照度不同，使得热电堆两端产生温度差异，其输出的电动势与涂黑感应面接收的辐照度差值成正比。净全辐射表有长波与全波段两个灵敏度，其要求范围均在 7～14 μV·W⁻¹·m²。长波与全波段灵敏度允许误差≤15%。响应时间≤60 s（响应稳态值 99%）。白天（净全辐射为正值）采用全波段灵敏度，夜间（净全辐射为负值）采用长波灵敏度。

为防止风的影响和保护感应面，净全辐射表上下感应面装有既能透过短波（0.3～3 μm），又能透过长波辐射（3～100 μm）的半球形专用聚乙烯薄膜罩。薄膜罩上放置橡皮密封圈，然后用压圈旋紧，使得薄膜罩牢牢固定住。

（4）散射辐射表

散射辐射表是由总辐射表和遮光环两部分组成（见实践图3.4）。遮光环的作用是保证从日出到日落能连续遮住太阳直接辐射，它由遮光环圈、标尺、丝杆调整螺旋、支架、底盘等组成。

我国采用遮光环圈的宽度为 65 mm，直径为 400 mm。固定在标尺的丝杆调整螺旋

净全辐射表有长波与全波段两个灵敏度，其要求范围均在 $7\sim14\ \mu V\cdot W^{-1}\cdot m^2$。

上，标尺上刻有纬度与赤纬刻度。标尺与支架固定在底盘上，底盘上有三个水平调整螺旋。总辐射表安装在支架平台上。

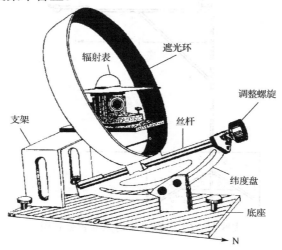

实践图 3.4　带遮光环的散射辐射表

此外，还有用电机带动的自动跟踪太阳的遮光球（板）和手动的遮光板两种装置，以阻挡太阳直接辐射。

（5）辐射自动观测仪

辐射自动观测仪，由辐射表（传感器）与采集器组成。辐射表安装在专用的架子上，仪器排列可参考实践图 3.5 和实践图 3.6。

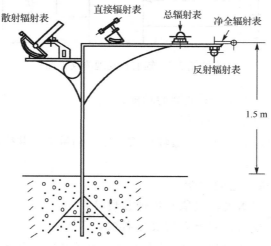

实践图 3.5　一级站辐射表安置分布图

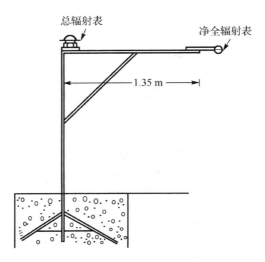

实践图 3.6　二级站辐射表安置分布图

采集器要求每分钟输出 1 次采样值（实际为 1 min 内均匀采 6 次加以平均）。仪器的形式较多，基本结构如实践图 3.7 所示。

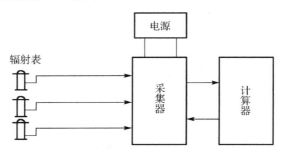

实践图 3.7　辐射自动观测仪框图

辐射表电信号输入采集器，采集器的功能：

● 自动采集各辐射表电压 mV 值。

● 计算各辐射量的辐照度 E、时曝辐量 H、日曝辐量 D，并挑取最大值及出现时间。

● 存储 3 天以上数据。

计算机与采集器连接，它的功能：

● 输入时间、仪器灵敏度，气象站各种参数等。

● 形成各种文件，如日、月报表与 R 文件等。

● 进行人工干预，如 T_G 观测，辐射表加盖、去盖和输入作用层状况编码等。

三、实验内容

1．太阳直接辐射、散射辐射和地面反射辐射的观测

当着手进行各种辐射观测之前，首先应记录日光状况，即云遮蔽日光的程度，可用下列符号记录：（1）⊙² 无云；（2）⊙¹ 薄云、影子明显；（3）⊙° 密云、影子模糊；（4）∏ 厚云、无影子。

（1）太阳光线垂直面上的直接辐射通量密度观测

观测前，接通直接辐射表与万用表的电路，把直接辐射表的正极接到万用表的正极上，负极接到万用表的负极上。打开进光筒盖并检查光点位置，调整直接辐射表进光筒，对准太阳，使透过进光筒上方小孔的光点正好落在小黑点上。每隔 5～10 s 读万用表读数一次，连续读数三次 N_1、N_2、N_3。盖上进光筒盖，直接辐射观测完毕。记下观测时间。

（2）太阳散射辐射、下垫面反射辐射的观测

观测前，接通天空辐射表与万用表的电路，把天空辐射表的正极接到万用表正极上，天空辐射表的负极接到万用表负极上。打开天空辐射表盖子，装上遮光板，挡住感应面，遮住太阳直射光，此时为散射辐射读数，读数方法同上，连续读数三次：N_1、N_2、N_3。取下遮光板。翻转天空辐射表，使感应面朝下，进行地面反射辐射观测。读数方法同上，连续三次读数得到 N_1、N_2、N_3。记下观测时间和日光状况。

四、记录整理

计算各辐射观测量三次读数 N_1、N_2、N_3 的平均值 N。由仪器检定证分别查取直接辐射表和天空辐射表的 K 灵敏度，将 N、K 值（包括单位）整理到辐射观测记录表上。

1．辐射通量密度和反射率计算

计算太阳光线垂直面上的太阳直接辐射（S）、散射辐射（S_d）和反射辐射（S_r）通量密度，根据观测得到的温差电能 N 及辐射仪器 K 灵敏度直接换算得到。计算式如下：

$$S = \frac{\overline{N_{直}}}{K_{直}} \qquad S_d = \frac{\overline{N_{散}}}{K_{天}} \qquad S_r = \frac{\overline{N_{反}}}{K_{天}}$$

2．水平面上太阳直接辐射通量密度计算

水平面上的太阳直接辐射通量密度（S_b）与太阳光线垂直面上的太阳直接辐射（S）及太阳高度角（h）有关。任一时刻 h 的计算式及 S_b 与 S 的换算关系分别为：

$$\sin h = \sin\varphi \cdot \sin\delta + \cos\varphi \cdot \cos\delta \cdot \cos\omega$$

$$S_b = S * \sinh$$

式中，φ 为纬度，δ 为赤纬，ω 为时角，用真太阳日作为基本时间单位。由此式可见，任一时刻的太阳高度角由当地纬度、年、月、日（δ）和所处时刻（ω）决定。要计算某地某一时刻的太阳高度角，还需要将观测时间也就是日常钟表显示的时间换算成公式中需要的真太阳时时角 ω。

3. 总辐射通量密度和反射率（r）计算

总辐射（S_t）= 水平面上太阳辐射通量密度（S_b）+ 散射辐射通量密度（S_d）

反射率（r）为某一表面上的反射辐射（S_r）与投射到该表面上的总辐射（S_t）的比值

五、仪器的维护

为避免天空辐射表翻转时落地损坏，安装时要固定在辐射观测平台上。保持玻璃罩的清洁，不要使罩内有水汽。若干燥剂失效要及时更换新干燥剂。

实践项目四

气象要素的统计和气候类型的判别

一、目的和要求

（1）熟练绘制降水直方图和气温年变化曲线图。

（2）掌握常用气候统计方法。

（3）掌握气候类型的判断方法。

二、常用统计方法

1. 数据资料的统计特征

要素样本中资料分布的特点——用一些统计量表征。

（1）平均值

$$\overline{x} = \frac{1}{n}\sum_{t=1}^{n} x_t$$

含义：平均值是要素总体数学期望的一个估计。反映了该要素的平均（气候）状况。

（2）距平

$$x_{dt} = x_t - \overline{x} \qquad t = 1, 2, \cdots, n$$

含义：反映数据偏离平均值的状况，也是通常所说的异常。

（3）方差和均方差（标准差）

$$s_x = \sqrt{\frac{1}{n}\sum_{t=1}^{n}(x_t - \overline{x})^2} \qquad t = 1, 2, \cdots, n$$

含义：s_x 是均方差，描述样本中资料与平均值差异的平均状况，反映变量围绕平均值的平均变化程度（离散程度），$s_x{}^2$ 是方差。

标准差大，变化幅度大；均方差小的要素预报比大的容易，变化幅度小；变量减去某常数后均方差相同。

（4）累积频率：变量小于某上限的次数与总次数之比。

2．多要素的气象资料

$$_mx_n = \begin{bmatrix} x_{11} & x_{12} & \cdots & x_{1n} \\ x_{21} & x_{22} & \cdots & x_{2n} \\ \vdots & \vdots & \vdots & \vdots \\ x_{m1} & x_{m2} & \cdots & x_{mn} \end{bmatrix} = (x_1 x_2 x_3 \cdots x_n)$$

两个方面来研究问题：

● "R 型分析"：研究不同变量（要素）或同一要素不同格点之间的关系（行）。

● "Q 型分析"：研究样本之间的关系（列）。

3．统计量——协方差和协方差矩阵

（1）协方差

衡量任意两个气象要素（变量）之间关系的统计量（正、负相关关系）（另外一个统计量叫相关系数）

$$s_{ij} = \frac{1}{n}\sum_{t=1}^{n}(x_{it}-\overline{x_i})(x_{jt}-\overline{x_j}) = \frac{1}{n}\sum_{t=1}^{n}(x_{it}x_{jt}-\overline{x_i x_j}) \quad i,j=1,2,\cdots,m \text{（距平的内积）}$$

反映了两个气象要素异常关系的平均状况，或者两个变量的正、负相关关系。

变量自身的协方差就是方差。协方差带单位，不同要素之间不好比较，相关系数可解决这个问题。

（2）协方差矩阵

$$S = (s_{ij}) = \frac{1}{n}X'X''^T \quad i,j=1,2,\cdots,m$$

m 阶对称矩阵，对角线元素是第 i 个变量的方差，撇号代表距平。

4．区域资料的整理和利用

（1）代表站方法——平均相关系数最大的站。

（2）区域平均法——区域平均值要与周围格点（站点）值区别大。

（3）综合指数法（各站点要素方差差异较大）。

$$K_j = \frac{1}{m}\sum_{i=1}^{m}\left(\frac{x_{ij}-\overline{x}}{s_i}\right)^2 \quad i=1,2,\cdots,m \quad j=1,2,\cdots,n \quad \text{（越大，异常越明显）}$$

i 表示区域内台站，j 表示观测资料的年代。

三、实践内容

1．气温资料的统计处理

在气温资料中，一般要整理统计的是平均温度（日平均、候平均、旬平均、月平均和

年平均），确定四季长短，绝对最高与最低，各界限温度（0℃、5℃、10℃、15℃）、起讫日期、持续日数、计算积温等。

（1）制作气温直方图和气温年变化曲线

① 制作气温直方图

月平均温度变化直方图是用两个坐标决定的平面图，横坐标表示日期，其比例是 1 mm 代表 1 日，纵坐标表示月平均温度，其比例是 1 cm 代表 1℃。为了便于研究冬季温度的变化，图不是从 1 月份开始，而是从 10 月开始，以后 10 月到 12 月又重复一次。

作图时，首先将各月平均温度点在该月月中的相应日期上（大月在 16 日，小月在 15 日，2 月在 14 日）。然后根据逐月平均温度作直方图，直方块的高为月平均温度，底为各月日数，直方块的面积表示全月各日温度的总和。

② 绘制气温年变化曲线

横坐标为时间；纵坐标为气温。在一年中，温度变化是平滑的，因此，要根据直方图画出温度的年变化曲线。这条曲线的要求是：曲线要异常光滑；画曲线时，从方块一边切去的面积和从另一边增加的面积相等，此时，曲线与横轴间的面积就等于直方块的面积。这样，全月中的温度总和并未改变。只有根据上述两个原则才能保证曲线的正确绘制。

（2）从图上求候、旬平均数温度和确定四季

求候温：5 天为一候，全年 365 天可分 73 候（月限，或跨月），候温是读每候中间那天对应的温度。如第一候读 1 月 3 日所对应的温度。每月 6 候，前 5 候每候 5 天，最后一候视情况而定。

求旬温：10 天为 1 旬，1 个月分为三旬，旬温即旬中那天的温度，上、中旬皆为 10 天，分别读 5 日或 15 日所对应的温度，下旬为 8 天、9 天、10 天或 11 天，分别读 24 日、25 日、26 日所对应的温度。

确定四季：四季的标准是候平均气温≥22℃为夏，<10℃为冬，10℃～22℃为春秋，候温为 10℃之候的第 1 日春季开始，候温为 220℃之候的第 1 日为夏季的开始，余类推。

（3）求各界限温度和计算积温

求出各界温度的起讫日期和持续日数，在农业生产上仅仅知道各项平均温度还不够，为了充分了解一个地方的热量情况，必须知道，该地日平均气温≥0℃（温暖期）、≥5℃（生长期），≥10℃（生长活跃期）、≥15℃（喜温植物生长适宜时期）的起讫日期和持续日数。

计算积温：积温就是温度的总和，某个地点在一定界限温度内的积温，通常用来描述该地的热量条件。因为积温可用来表示某一种植物在其全部生产期间和各个发育期间对温度的总的要求，通常计算气温）≥0℃、≥5℃、≥10℃、≥15℃的积温。

2．降水资料的整理

在整理降水资料时，必须考虑平均降水量、降水的季节分配、降水变率等主要项目。

（1）平均降水量。

因为降水不是一个连续发生的气候要素，在一年中并不是时时刻刻都有降水现象，因此日降水量的统计是没有意义的。一般只统计月、季、年降水量。月、季、年降水量是各该时期内降水的总和，平均月、季、年降水量乃是相应的降水量总和的多年平均值。这些指标是表征降水最基本的量值。

降水量随时间和空间的变化都是相当大的。为了获得必要精确度的平均月降水量和年降水量，应当有长时期的观测资料。许多研究结果表明，如果有 30～50 年以上的资料，平均降水量就比较具有代表性。

（2）降水的季节分配。

降水的季节分配可以通过比较各月的降水量百分率、降水相对系数及季降水百分率来表示。

月降水量百分率：在生产上不仅要了解一个地方的年总降水量，还要知道其他降水季节分配是否均匀。月降水量百分率就是适应这种需要而计算的，其计算方法如下：

$$P = \frac{r}{R} \times 100\%$$

式中，P 为月平均百分率，r 为该月降水量（mm），R 为该地年降水量（mm）。

月降水相对系数：用各月降水百分率固然能够表示出一年内降水的分配特点，但并不精确，因为在一年中各月的长短是不一致的，这就使各月降水百分率的比较性受到各月日数不等的影响。

为了克服这个缺点，一般采用降水相对系数，即

$$C = \frac{r}{r'}$$

式中，C 为降水相对系数，r 为实际月降水量，r' 为年降水量按日数平均该月应得的降水量，r' 值由下式决定：

$$r' = \frac{nR}{365}$$

式中，n 为某月日数；R 为全年降水量；365 为全年日数。

如果 $C>1$，则表示该月为湿月；$C<1$，则表示该月为干月；若 $C=1$，则表示实际月降水量和按平均分配该月应得年降水量相等。如各月 $C \approx 1$，则表示该地降水的季节分配均匀。

（3）降水距平（个别年月平均降水量与年月均值的差、离差、绝对变率，有正负之分）。

（4）降水变率 C_v：（降水距平数与平均降水量的百分比，C_v 小表示稳定，降水变率

是北方大于南方，内陆大于沿海，C_v 值对干旱区无意义）。

（5）降水日数：　降水日数是指观测有降水的日子。一个降水日所必需测到的最小降水量一般定为 0.1 mm，降水日数按月或年统计。

用直接统计的方法求候、旬降水量是困难的。用类似于求候、旬气温的图解法计算候、旬降水量，比直接计算较为优越。

用图解法计算候、旬降水量的方法如下：

● 绘制降水量直方图：以横坐标表示月，纵坐标表示降水量，分别以 1 mm 表示 1 天或 1 mm 降水量。

● 绘制降水量折线图：绘制原理与气温年变化图相同。

3．风资料的整理

风是一种向量，其特征需用方向和速度两部分表示，对于这两个量的数据可以分别进行统计，也可将两者综合整理。

风向的特征用各个不同风向所占某一时期内（月、季等）的频率来表示。一般风向观测记录均 16 方位，但为了避免可能产生的误差和统计的方便与意义明确起见，多采用 8 方位统计相绘制频率图。将 16 方位改成 8 方位的方法是将中间方位的频率平分并入左右方位中。若中间方位为奇数，则将多余的一次加入两边频率较大的方位中去，若其左右两边频数相等，则多余的一次加入右边方位中。

绘制风向风速分布图用极坐标表示比较清晰，看起来各个风向比较直观，极坐标分 8 个方向。频率采用 2 cm 作半径画一圆，在此圆上表示频率为 10% 或风速为 2 m/s，然后再用 4 cm、6 cm 为半径画同心圆，分别表示频率为 20%、30% 等。根据资料，将各方位风向的频率点（静风 C 点在圆心）标入极坐标图中，然后用实直线依次把这些点连接起来，就得出某个站风向频率玫瑰图。

同理，用虚直线依次把这些点（按一定比例得到）连接起来，就得出某个站风速频率玫瑰图。

（三）气候类型的判别

据气温和降水资料及季节分配、气候特征等来判定。

附：12 种气候统计图判读技巧

一、气温曲线和降水柱状配合图——气候气温和降水特点

（1）从气温曲线的弯曲方向可判断南北半球。曲线下凹为南半球，上凸为北半球。如实践图 4.1 所示，甲气候在南半球，乙气候在北半球。

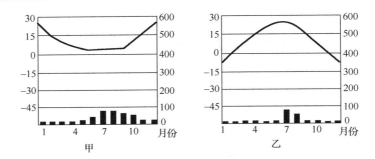

实践图 4.1　某地个月气温、降水分布图

（2）从气温曲线的坡度和相对高度，能判断气温随季节变化特点，计算气温年较差（气温曲线最低和最高处的气温差）。

仅从实践图 4.2 看，气温曲线相对高差（曲线坡度）最大的是极地气候（苔原气候和冰原气候），其次是温带季风气候（⑧）和温带大陆性气候（⑨），然后是亚热带季风气候（⑤）、地中海气候（⑥）和温带海洋性气候（⑦），最小的是热带的气候（从大到小依次是：热带沙漠气候④、热带草原气候②、热带季风气候③、热带雨林气候①）。

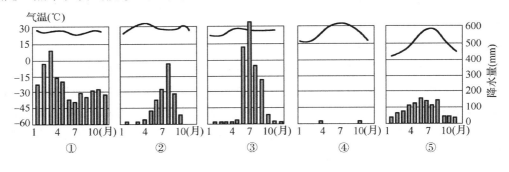

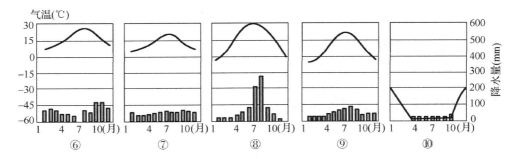

实践图 4.2　不同气候类型气温、降水分布图

（3）从降水量柱状图可以读出全年降水量。如图②，年平均降水量最多的是热带的气

候（除热带沙漠气候外），其次为亚热带的气候，再次为温带的气候，最少的为寒带的气候。变化规律与气温年变化大小相反。

二、气温和降水点状图——气温和降水时间变化及气候类型

实践图 4.3 中 12 个点分别表示一地 12 个月的气温和降水状况，从图中可以判读 1 月、7 月（代表冬夏季）的气温和降水特点及其组合情况，由此来判断气候类型。但此图不能形象直观地反映气温和降水变化趋势，分析气候特点有一定难度。注意：纵横坐标不一定分别表示降水和气温，有时反过来表示。该图 1 月气温（10℃～15℃）比 7 月低，降水比 7 月多，应属地中海气候。

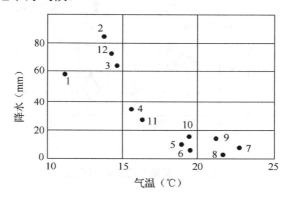

实践图 4.3　某地气温、降水点状图

变式图：实践图 4.4 中的 a、b、c 三地，12 个点代表 12 个月，则 a 为地中海气候，b 为亚热带季风气候，c 为热带雨林气候。

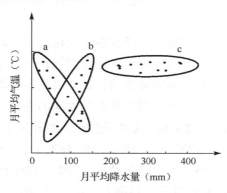

实践图 4.4　某地气温、降水变式图

三、气温和降水折线——气温和降水时间分配（随月份）

折线图实际是点状图的一种，只不过各月之间用折线连起来。判读方法与判读点状图相同。实践图 4.5 中 A、B、C、D 分别为地中海气候、温带季风气候、热带雨林气候、温带海洋性气候。

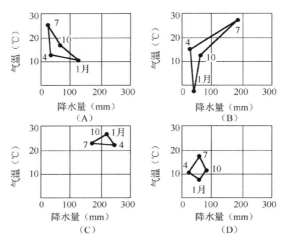

实践图 4.5　某地气温、降水折线图

四、气温和降水变率范围图——气候类型

将气温降水点状图中各点用平滑曲线连接起来即可得到该图，或理解为该地各月的气温、降水数值都位于封闭曲线内部。可以根据封闭曲线所占据的温度范围和降水范围判断气候类型。

此种图表示各类气候的气温年较差和降水季节变化规律，图中一条曲线对应一种气候类型。据各曲线的上下或左右最大长度可计算出每类气候气温年较差或降水量变化幅度，据各曲线的上下平均高度或左右平均位置能估计每类气候各月均温和平均降水量，进而能分析各类气候的特点，判断各曲线气候类型和各气候间的关系（如分布和递变规律）。

在实践图 4.6 中，据每一曲线的最上端对应的最高温和最下端对应的最低温，计算出的年温差由小到大排列的是：① 12℃、② 15℃、③ 16℃、⑤ 20℃、④ 27℃、⑦ 30℃、⑥ 31℃。①最低月气温大于 15℃，年降水量在 1500～3000 mm 以上，可以判断为热带雨林气候。⑦最低月气温在−20℃以下，最高月气温不到 10℃，年降水量不足 300 mm，可以确定为苔原气候。同法可判断出各线气候类型：②为热带草原气候，③为热带沙漠气候，④为温带季风气候，⑤为亚热带季风气候，⑥为亚寒带针叶林气候。

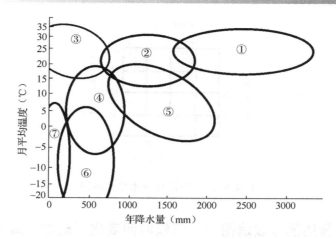

实践图 4.6　气温和降水变率范围图

变式图：如实践图 4.7，据各曲线的上下温度范围、最高温和最低温、横向的年降水量范围可知，A 为热带雨林气候、B 为热带季风气候、C 为温带季风气候、E 为热带草原气候、F 为温带海洋性气候、G 为热带沙漠气候、H 为温带大陆性气候、K 为亚寒带针叶林气候。

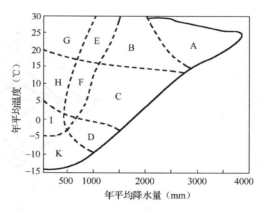

实践图 4.7　气温、降水变式图

五、气温和降水单元格图——气候类型和基本特征

实践图 4.8 中，两个坐标表示 1 月和 7 月气温，另两个坐标表示这两个月的降水量，每一个单元格表示气温和降水的范围值。a 的 1 月气温为 0～−10℃，降水量为 0～50 mm，7 月气温为 20℃～30℃，降水为 150～200 mm，显然雨热同期，冬冷夏热，a 为温带季风气候。同理，b 为南半球的亚热带季风性湿润气候，c 为热带雨林气候。

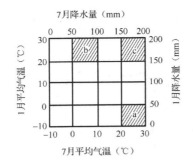

实践图 4.8　气温和降水单元格图

六、气温和降水雷达图或玫瑰图——气候时间变化（随季节或月份）

实践图 4.9 有 12 条放射状线，分别表示 12 个月，各同心圆表示气温和降水量数值，由内向外增大。无论气温还是降水量，在图中都可以画成点状、折线和粗线条。该图中的粗线条表示降水量，折线表示气温，所示气候为地中海气候。实践图 4.10 为变式图，甲、乙、丙、丁气候类型分别为温带大陆性气候、温带海洋性气候、热带季风气候和地中海气候。

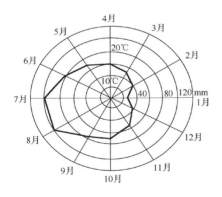

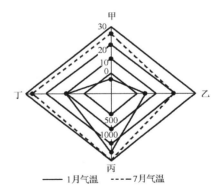

实践图 4.9　气温和降水雷达图（玫瑰图）　　实践图 4.10　气温和降水雷达变式图（玫瑰变式图）

七、气温和降水立体图——气候特征和类型

实践图 4.11 为从一定角度俯视所得的图示，纵横坐标分别表示降水量、月份，前后延伸的坐标表示气温。柱状图上下延伸，气温曲线画在水平面上。柱状图的读法与平面直角坐标相同，气温曲线的读法与上述不同，需分别作横坐标和前后延伸坐标的平行线。该图表示南半球的地中海气候。

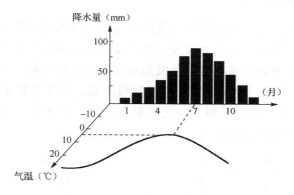

实践图 4.11　气温和降水立体图

八、气温和降水等值线图——气候要素分布、成因及特征类型

实践图 4.12 中有等温线和等降水量线，据某地的位置可判断出该地气温和降水量的范围。该图甲地 1 月气温为 24℃～26℃，降水量为 200～250 mm，7 月气温为 22℃～24℃，降水量为 5～10 mm，应为南半球的热带草原气候。

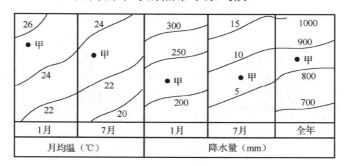

实践图 4.12　气温和降水等值线图

九、气温和降水"工"形图——气温变化范围、气候特点和类型

从"工"形图中可读出最高温、最低温、气温年较差、年降水量。实践图 4.13 中，①②③④可能分别为地中海气候、温带海洋性气候、亚热带季风气候、热带雨林气候。

十、降水量和蒸发量组合图——气温变化、气候特征和类型

此类图中，能读出年降水量及降水量与蒸发量的关系，并能根据蒸发量变化推测气温变化，总结气候特点，进而判断出气候类型。

在实践图 4.14 中，可能蒸发量柱状图的变化与气温变化一致，而实际蒸发量又与气

温高低和降水量成正比关系，从此图可判读降水量和气温的季节变化。甲图可能蒸发量夏季月份较高，说明气温较高，但降水较少，所以夏季实际蒸发量较小，应为温带大陆性气候或热带沙漠气候；乙图降水量、可能蒸发量和实际蒸发量变化大体一致，而且蒸发量极小，相当于甲图的约 1/10，应为极地气候，气候严寒；丙图从降水看，夏多冬少，年降水量约 1000 mm，且两个蒸发量相当，也是夏多冬少，降水量大于蒸发量，应为亚热带季风气候；同理可知丁为温带季风气候。

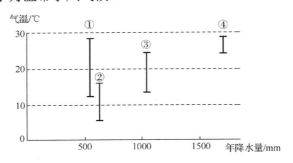

实践图 4.13　气温和降水"工"形图

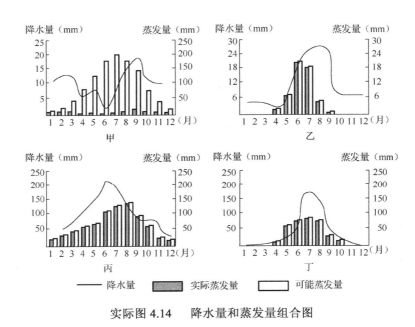

实际图 4.14　降水量和蒸发量组合图

十一、气温和降水曲线图——气候类型与外力地貌成因

在实践图 4.15 中，横向为南北方向，从年均温线上能读出各地的气温，可判断所属

的热量带；从年降水量线上能读出各地年降水量；从风化壳深度上，能判断出植被和气候特征。丁地风化壳最厚，风化作用强烈，植被一定是森林，气温为 20 多度，年降水量为 2000 mm 多，该地一定高温多雨，为热带雨林气候；甲地风化壳也较厚，也是森林，但气温最低，应是亚寒带针叶林气候；乙地降水量最少，气温只是几度，风化壳最薄，应为温带沙漠气候或温带草原气候；丙为乙和丁的过渡地带，应是亚热带的气候。

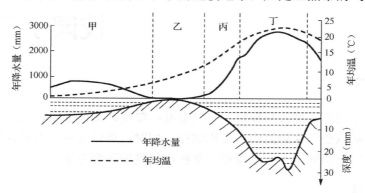

实践图 4.15　气温和降水曲线图

十二、气温和降水条形图——气候特征和类型

在实践图 4.16 中，纵坐标为月份，横坐标一边为气温，一边为降水，全部为条形图。该图显示，1 月气温在零度以下，降水最少，7 月相反，应该属于温带季风气候。

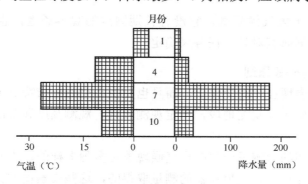

实践图 4.16　气温和降水条形图

校园小气候观测

一、目的和要求

通过对校内不同小环境太阳辐射、空气温度、湿度、土壤温度、气压、风等气象要素的观测分析，了解这些气象要素的日变化规律；同时，通过与对比点间这些气象要素的对比分析，了解不同下垫面的小气候特征，掌握小气候的研究方法。

二、材料与用具

照度计、热球式电热风速计、遥测通风干湿表、半导体温度计、地温表、烘箱、取土钻、天平、铝盒、钢卷尺、皮卷尺、测杆、支架、木箱、细绳、记录纸等；事先选定实验小环境（校内广场、草地、小树林、水域等）。

三、内容与方法

小气候观测不同于大气候观测，它没有长期固定的观测场地，也没有统一的观测规范，其观测内容常根据研究对象、任务来确定。

1. 小气候观测的一般原则

小气候特征不仅表现在时间变化上，而且也反映在空间分布特点上。因此，在进行小气候观测时，必须正确选择观测地段，确定观测项目、观测高度和观测时间。

（1）测点选择

在各种类型下垫面的影响下产生的小气候现象是多种多样的，光照、温度、湿度、风等气象要素的变化是通过各种气象仪器的测量取得的，这些要素值的真实性与正确选择测点的关系很大。因为小气候特征除了受下垫面性质影响外，还与植株高度、密度、品种、生产技术措施等有关。因此，测点的选择必须具有代表性和比较性。

（2）测点的代表性

代表性应根据当地的自然地理条件、生产特点和研究任务来确定。例如，在研究某一作物农田小气候特征时，必须在当地自然地理条件（如土壤性质等）、农业技术措施和该

作物生长状况有代表性的地段进行观测，测点要求设置在植株高低一致、生长均匀地段。这样，所取得的资料才能反映出该作物田的小气候特点。又如在研究护田林带的小气候效应时，应选择与当地自然环境相适应的标准防护林带和标准农田相结合的典型地段。

（3）测点的比较性

比较性是指测点上观测的资料同对照点上观测的资料进行比较，如绿化地同裸地进行比较，裸地与水泥地比较，水稻田同旱地比较，灌溉地同非灌溉地比较，地膜覆盖与非地膜覆盖比较。通过对比观测，找出它们之间的差异，从而分析出小气候特征和绿化等技术措施的小气候效应。

2．测点设置

（1）基本测点

小气候观测点分为基本观测点和辅助观测点。基本观测点设置在最有代表性的观测地段上。基本观测点的观测项目要求比较齐全，观测时间、次数比较固定。

（2）辅助测点

设置辅助测点的目的是补充基本测点的资料不足，完善基本测点的小气候特征。辅助测点可以是流动的，也可以是固定的。观测的项目、次数、时间可以和基本测点相同，也可以和基本测点不同，依研究目的、要求来确定。测点的多少也应根据研究目的和植被实际情况而定。一般辅助点观测次数比基本点少，但观测时间应一致。

（3）观测地段的大小

观测地段的面积主要取决于能否反映所要了解的小气候特征以及观测方便与否。地段面积的大小以观测目的和内容来确定。观测地段的面积最小应为 15 m×15 m。

3．观测项目

根据不同研究目的确定观测项目，从实际出发，考虑人力物力条件，保证必须观测项目的观测，而不必包罗万象。一般观测的项目有直接辐射、散射辐射、地面和植被的反射、照度，不同高度的空气温度和湿度，风向风速，云量、云状，天气现象等，以及植物发育期、株高等，根据研究任务不同，进行有针对性的观测。

（1）观测高度和深度

由于空气温度、湿度和风等气象要素在垂直方向的分布规律，是随高度呈对数比例变化，所以选择观测高度不能等距离分布，一般离地面近的地方观测高度密一些，远离地面远的地方密度稀一些。测点高度一般需包括 20 cm、150 cm 和 2/3 株高三个高度。因 20 cm 高度基本能代表贴地气层的情况，同时 20 cm 高度又是气象要素垂直变化的转折点；150 cm 高度能够代表大气候的一般情况，观测资料可和附近气象站的观测资料进行比较。2/3 株高是植株茎叶茂密的地方，代表植被活动层情况。

土壤温度的观测深度，一般在地表层布点稠密，而深层稀疏，浅层常用 0 cm、5 cm、10 cm、15 cm、20 cm、30 cm、50 cm 等 7 个深度。深层土壤温度的观测深度以观测目的而定。

（2）观测时间

小气候观测不需要长时间逐日观测，一般根据观测目的可结合植物发育期等选择不同天气类型（晴天、阴天、多云）进行观测，晴天小气候效应最明显，可连续观测 3 天。

观测时间应按以下原则进行选择：

① 选择观测的时间所测的记录，算出的平均值应尽量接近于实际的日平均值。

② 一天所选的时间中，应有 1 次到 4 次的观测时间与气象台站的观测时间相同，便于比较。

③ 根据所选时间的观测，可表现出气象要素的日变化，其中包括最高值和最低值出现的时间；可反映出植被中气象要素的垂直分布类型，如空气温度的日射型、辐射型；空气湿度的干型和湿型，等等。

4．观测仪器的选择和安装

（1）观测仪器选择

小气候观测的流动性大，要求仪器小型轻便、便于携带和搬运。为了减少人力和避免在观测中损坏观测点的现场环境和植被，最好用自记仪器和遥测仪器。小气候观测中经常都要进行梯度观测，这就要求仪器有较高的精度，如温度表的误差不超过±0.1℃。观测中各要素观测所使用的仪器为：

① 辐射：直接辐射表、天空辐射表、净辐射表、光量子仪、照度计等。

② 空气温度、湿度：阿斯曼通风干湿表、铂电阻。

③ 风向、风速：风杯风速表、热球微风速表和热线风速仪等。在自动观测系统中，可分别采用光电计数三杯风速计和七位格雷码光码盘测量风速和风向。

④ 地面温度：地面温度表、铂电阻。

⑤ 地温：直管地温表、曲管地温表、铂电阻。

⑥ 降雨量：雨量筒、雨量计。

⑦ CO_2 浓度：红外 CO_2 分析仪。

（2）仪器的安装

小气候观测的仪器安装，因观测地段的不同而稍有不同。总的说来，仪器安装高度应该是由北向南依次递减，或者是在观测过程中力求做到一种仪器不致受到另一种仪器阴影的遮蔽。

① 辐射仪器

辐射仪器的安装要求场地平坦开阔，周围无障碍物对辐射仪器的感应部分造成影响，仪器安装要牢固并处于水平位置。观测过程中需要向下翻转的天空辐射表等，为防止向下翻转过程中掉下损坏仪器，必须牢固地将仪器固定在辐射观测支架上。

② 通风干湿表（阿斯曼）

通风干湿表安装见实践图 5.1。通风干湿表悬挂在测杆的挂钩上，50 cm 以下高度，通风干湿表平挂，这样读数比较方便，可减少由于通风作用扰乱空气层的厚度，不致减少温度和湿度的梯度值。在 50 cm 以上高度，通风干湿表应垂直悬挂，一方面便于观测，另一方面是由于在这个高度以上，气层的温度和湿度的梯度较小，由通风产生的误差也不大；若把仪器水平放置，反而会影响仪器的通风速度。

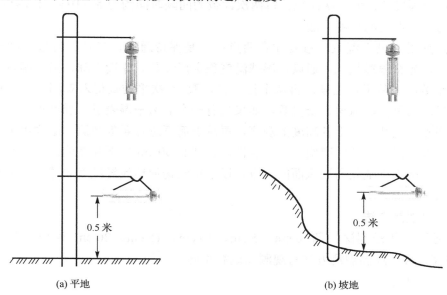

(a) 平地　　　　　　　　　　　　　　　　　(b) 坡地

实践图 5.1　通风干湿表安装方法

悬挂通风干湿表的测杆以木质为宜，其直径约 4 cm，长约 220 cm。杆的下端埋入土中，测杆地上部漆成白色，以避免其辐射热对通风干湿表的影响。

③ 土壤温度表

地温表可选用曲管地温表和直管地温表。安装位置应在悬挂通风干湿表测杆南侧约 2 m 远的地方，以免测杆阻挡太阳。地面 0 cm、最高、最低温度表和曲管温度表的安装方法与观测场温度表安装方法相同，但应尽量避免根系受损。

④ 风速表

测风常用仪器是三杯轻便风向风速仪。轻便风速表应安装在空旷、空气畅通的地方，在安置时，风杯一定要保持水平，以减少转轴的摩擦，刻度盘应背着风向。在梯度观测中，风向风速表的安置有多种高度选择。选择 50 cm、200 cm 是较合理的，因它具有标准高度的意义。但在实际测风中，人们更多的是采用 20 cm 和 150 cm 的高度，这是风梯度观测的一种简单形式。

5．观测方法

（1）辐射仪器观测方法

在进行太阳直接辐射、天空散射辐射和反射辐射观测时，正点观测前进行各项准备工作，目测天空云状、云量、太阳视面、大气现象、地面状况，正点观测时刻开始进行各项辐射观测，每个项目各读取三次读数。每两次读数的间隔时间约为 5～10 s。日落后停测。

（2）通风干湿表的观测方法

采用阿斯曼通风干湿表测量要注意两点：一是保持通风，二是保持湿球纱布充分湿润。观测前，先给湿球加水，通风，湿球温度稳定后读数。先读干球，后读湿球。先读小数，后读整数。先从下往上读，再从上往下读，取 2 次平均数记入观测表中。观测的同时，记载当时的风向、风速、云况等。如果只有一个通风干湿表进行梯度观测时，可采取上下往返观测，先从下而上各高度的观测，再从上而下进行重复观测，这样可消除观测数据的时间误差，提高资料的准确性和比较性。在观测 50 cm 以下高度的温湿度时，通风干湿表的保护管应水平地朝向迎风面的一方，以使空气畅通地流经温度表球部，但应避免太阳光线射入套管内。

（3）地温观测方法

从东到西，从浅到深，即 0 cm、5 cm、10 cm、15 cm、20 cm 逐个读取，精确到0.1℃。最高、最低地温观测方法与观测场地温相同。

（4）风的观测

观测员要从下风方向接近仪器进行读数，将便携式三杯风向风速仪方位盘制动小套向右旋转一角度，半分钟后，按下风速按钮，指针自动停转后，读出风速示值，以两分钟风向指针摆动范围的中间位置记录风向。观测完毕，将方位盘制动小套左转一小角度，借弹簧的弹力，小套管弹回上方，固定好方位盘。

6．小气候观测程序

（1）观测程序

由于一个观测点上往往有较多的观测项目，观测一遍需要较长时间。这必然使得测得的各项数值不是在同一时刻，失去观测时间的代表性。为消除时间差异，必须采用往返观测法，各观测项目的数据应为正点前后两次观测读数的平均值。若有三个测点，其观测顺序应为 1—2—3—3—2—1。必须注意的是，相邻 2 个测点应隔多长时间观测将取决于观测项目的多少，但时间隔得越短越好。

（2）观测记录和资料整理

① 观测记录的格式、内容

观测记录应记入专门的小气候观测记录表簿内（见实践表 5.1）。记录表要求项目齐全，避免遗漏。由于各类小气候观测的目的不同，小气候观测的内容、布点、时段、时次都不相同（见实践表 5.2），所以小气候观测的记录表格，应根据具体情况专门设计。

实践表 5.1　小气候要素表

测点：　　　　　　　　　　　　　　　　　　　　　　　　　　　　　　　　　　年　月　日

项　目 ＼ 时　间		08:00	09:00	10:00	…	19:00	20:00
太阳辐射	S						
	S_b						
	S_d						
	S_t						
	S_r						
	r						
地面和土壤温度	地面最低						
	地面最高						
	0 cm						
	5 cm						
	10 cm						
	15 cm						
	20 cm						
……	……						

观测班组：　　　　　　　　　观测员：

实践表 5.2　林内梯度观测项目

指标类别	观测指标	单　位	观测频度
天气现象	气压	Pa	连续观测
风	林冠上方 5 m 处风速	m/s	连续观测
	林冠上方 3 m 处风速	m/s	连续观测
	林冠上方 0.75 H 处风速	m/s	连续观测
	林内距地面 1.5 m 处风速	m/s	连续观测
	林冠上方 3 m 处风向	m/s	连续观测
空气温度	冠层上方 5 m 处温度	℃	连续观测
	冠层上方 3 m 处温度	℃	连续观测
	冠层上方 0.75 H 处温度	℃	连续观测

续表

指标类别	观测指标	单 位	观测频度
天气现象	气压	Pa	连续观测
空气温度	林内距地面 1.5 m 处温度	℃	连续观测
	地被物层温度	℃	连续观测
树干温度	地上 1～1.5 m 处	℃	连续观测
地表温度和土壤温度	地表温度	℃	连续观测
	10 cm 深度土壤温度	℃	连续观测
	20 cm 深度土壤温度	℃	连续观测
	30 cm 深度土壤温度	℃	连续观测
	40 cm 深度土壤温度	℃	连续观测
	80 cm 深度土壤温度	℃	连续观测
空气相对湿度	冠层上方 5 m 处湿度	%	连续观测
	冠层上方 3 m 处湿度	%	连续观测
	冠层上方 0.75 H 处湿度	%	连续观测
	林内距地面 1.5 m 处湿度	%	连续观测
	地被物层湿度	%	连续观测
土壤含水量	10 cm 深度土壤含水量	%	连续观测
	20 cm 深度土壤含水量	%	连续观测
	30 cm 深度土壤含水量	%	连续观测
	40 cm 深度土壤含水量	%	连续观测
	80 cm 深度土壤含水量	%	连续观测
辐射*	总辐射	J/m²	连续观测
	净辐射	J/m²	连续观测
	直接辐射	J/m²	连续观测
	反射辐射	J/m²	连续观测
	紫外辐射	J/m²	连续观测
	日照时数	h	每日一次

注：H 为林冠层高度

*建议按三个层次做梯度观测

② 观测地段的描述

观测地段的描述包括：

- 地形状况：如海拔高度、坡度、坡向等；
- 地段周围地物状况：如建筑物、障碍物等离观测地段的距离、方向；
- 下垫面状况：水泥地、草地、裸地。地面土壤种类、干湿状况等；
- 天气状况描述：包括云量、云状、天气现象、日光情况等；

- 仪器安置情况描述：包括仪器位置、仪器离地面高度、仪器编号、检定证内容等，并附有仪器分布平面图。
- 特殊项目的记载，如防护林小气候应记载林带或林网的状况；畜舍、温室小气候要记载建筑的方位、屋面坡度，建筑结构等。

四、观测资料的整理、分析

（1）不同下垫面总辐射的日变化特征。

（2）不同下垫面气温的日变化特征。

（3）不同下垫面地温的日变化特征。

（4）不同下垫面湿度的日变化特征。

（5）不同下垫面各观测要素日变化特征的对比分析，分析不同下垫面小气候特征。

实践项目六

简易天气形势图的绘制

一、目的和要求

熟悉分析等值线的原则、方法和技能。

二、说明

等值线（等压线、等高线、等温线等）是天气图上最基本的线条，是表现天气系统位置、范围、形状、强度、温度特性的主要形式，是认识天气图的必须基础知识。

三、内容和方法

分析地面天气图底图等压线（见实践图6.1）。图上有几个高压和低压？其强度是多少？

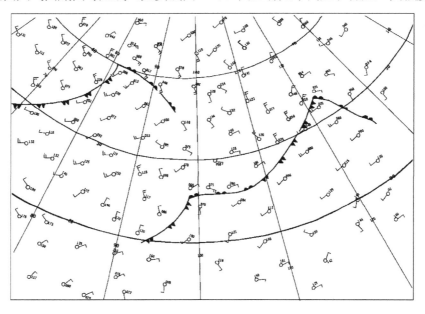

实践图 6.1　绘制等值线图

1．绘制要领

在动手绘图之前，应先把填好的图仔细地看一遍，对气候要素的水平分布情况有一个概略的了解。在绘制等值线时，一般应从记录较多的地方开始画。

在绘制等值线时，通常先绘几条主要的等值线，如温度分布图中的 0℃、10℃、20℃ 等的等温线，1002.5、1000、997.5 等的等压线，等大体轮廓显露后，再依次补充其他的等值线。绘图时，应先用铅笔轻轻地描出草图，然后根据气候学原理进行修改，并把主要等值线加粗，使整个气候图清晰醒目。

2．绘制等值线的规则

（1）一条等值线上任意一点的数值都必须相等。

（2）等值线两侧的数值必须是一侧的数值大于等值线值，另一侧小于等值线值。

（3）两条等值线之间的数值必须小于一侧的等值线值而大于另一侧的等值线值。

（4）闭合等值线的中心必须是最大值或最小值的中心。

（5）等值线不能在图中相交、合并、中断或分叉。

（6）在两个高值区或两个低值区之间，其相邻的两条等值线数值应相等。

（7）等值线应平滑，避免急剧的转折和扭曲。

（8）等值线的两端点应标明数值。若为闭合等值线，则在其上部开口以标明数值。

3．绘制等压线的主要技术规定

（1）等压线用黑色实线绘制，一般每隔 2.5 hPa 画一线，按 997.5、1000.0、1002.5 等数值序列绘制等压线；等温线间隔：全国性的地面，每 2 度绘一条，地方性夏季每 0.5 度绘一条；冬季每 1 度绘一条；在同一张地面图上，等值线间隔应当一致。高空每 4 度绘一条。

（2）等值线应画到图边，否则应闭合。

（3）气压系统的中心位置根据中心附近气压值和风的环流状况确定。在低压中心用红色标注"低"或"D"字，在高压中心用蓝色标注"高"或"G"字。

（4）绘制等压线时，尽可能参考风的记录。

（5）当等压线通过锋线时，应有明显的折角或气旋性曲率的突然增加，而且折角尖端指向高压的一侧。

（6）等压线应分析得平滑一些，避免不规则的小弯曲和突然曲折，两条数值相等的等压线，尽量避免互相平行过长而相距又很近。等压线分布从疏到密或从平直到弯曲，等压线的形状和间距应该逐渐过渡。

4．高空等温线分析

高空图上的等温线用红色铅笔画实线，每隔 4 度画一条，其余各条线的温度应为 4 的倍数，并须标注具体数值。一般规定任等压面图上绘制……8、4、0、–4、–8，……等线。暖中心用红色标暖或"N"字，冷中心用蓝色标冷或"L"字。为了工作的需要，可以把某些等温线绘得深些。

等温度露点差线用紫色铅笔画实线，它反映湿度分布情况，温度露点差值大的区域反映湿度小，温度露点差值小的区域反映湿度大。

5．等高线分析

等高线用黑色铅笔以平滑实线绘制。绘制时除遵守一般等值线分析原则外，还应特别注意等高线与风场的配合。

各等压面图上的等高线均每隔40或80位势米画一条，在每条线上均须标明位势米的千、百、十位数，并规定：

1．在850 hPa图上画……144、148、152……等位势高度线。

2．在700 hPa图上画……296，300、304……等位势高度线。

3．在500 hPa图上画……496、500、504 ……等位势高度线。

4．在300 hPa图上画……904、912，920……等位势高度线。

5．在200 hPa图上画……1200、1208、1216……等位势高度线。

6．在100 hPa图上画……1640、1648、1656……等位势高度线。

各等压面上的高位势区中心（高压）用蓝色标注"G"字。低位势区中心（低压）用红色标注"D"字。

高空等高线与风的关系，非常接近于地转风，因而，等高线基本上和高空的风向一致不能交角过大。等高线的疏密分布和风速大小也相一致。

树木年轮中气候信息的提取

一、目的和要求

（1）通过测量树木年轮的宽度来研究城市环境下树木的平均径增量和年龄，并在与历史气候数据的对照中研究树木生长对气候的响应。

（2）了解并掌握测量树木年轮的方法，学习科学规范的数据处理和报告撰写。

二、内容和原理

树木的径向生长构成木材的主要生长过程，由于不同环境其生长过程不同，每年的生长量也有变化。这些都会反映在树木的年轮上，通过仪器和软件来测量年轮的宽度，进行交叉定年，可以研究城市环境下树木年龄的平均径增量和年龄。

在温带地区生长的木本植物，季节性的气候变化明显地反映在形成层的周期活动上。春季，形成层恢复活动时，纺锤状原始细胞迅速向内分裂而分化成大量的木质部分子，此时分化的管胞或导管分子的直径较大，数目多，壁较薄，木纤维数量较少，因此材质显得比较疏松，这部分木材称为早材。到了同年夏秋季节，形成层的活动逐渐减弱，原始细胞平周分裂的速度也相应减慢，分化的细胞直径较小，数量少，而木纤维的数量相应增多，这部分的材质比较致密，称晚材。在上一个生长季的晚材与下一个生长季的早材之间存在着明显的界线。从根与茎的木材横断面上看，这些界线成了一圈圈同心圆的环纹，每一个包括早材和晚材两部分的圆环，称为生长轮。生长在温带地区的木本植物，通常一年内只形成一个生长轮，特称为年轮。

年轮宽度和气候条件有十分密切的关系。在温暖湿润的年份，树木生长快，年轮宽度大；在寒冷干旱的年份，树木生长慢，年轮宽度小。因此测定树木年轮宽度的差异，可以获得过去气候变化的信息，推论出某些气候要素的变化状况，弥补历史气候资料的不足。除了年轮宽度外，气候还与植物组织结构有密切关系，也可作为推论过去气候的依据。

本实验通过仪器和软件测量年轮的宽度，研究城市环境下树木的年均径增量和年龄。同时分析气候的变化，通过和历史气候比照，研究树木对气候的响应。

三、主要仪器设备

1. 主要仪器

树木年轮生长锥（20～30 cm）、LA-S 植物年轮分析系统、GPS、体式显微镜、样本板、标签纸等。

2. 实验材料

校区内直径 20 cm 以上的乔木。

四、操作方法和实验步骤

（1）选定测量的树木，记下树种。

（2）观察树木生长情况，测量胸径，基径，株高。

a. 生长情况包括有无损伤，病虫害，树冠盖度等。

b. 量胸径（离地 1.3 m 处树干的直径），基径（与地面相邻处的树干的直径）。

c. 用比例尺法测量。

（3）拍照：在 1.3 m 的高度贴上标签后，保持相继镜头与平面垂直，并尽量使目标占满镜头视野，在相互垂直的两个方向各照一张，记录镜头与目标的水平距离。

（4）用树木年轮生长锥取树芯（需先接受训练）。

a. 应从向阳、背阳两个方向取样，并上下距离尽量靠近，同一采样点可选 10～20 棵有代表性的树木进行树芯采样。

b. 将仪器组装好，用胸口顶住助推器，进行旋转。

c. 先用轻力旋转手柄，将表皮打穿后，取下钻头，将钻头擦净（最好用棉签），防止树皮的颜色影响年轮识别。再从露在最外面的韧皮部开始钻起，用力顶住助推器，即可钻入。

d. 取样长度过树心 3 cm（对后面树心的确定非常重要）后，将取样器插入，插到底，并将钻头转出，稍待钻头冷却后，借助助推器拔出样品。记录样品的极性、装入封口袋，贴标签写明采样地点、日期及树木生长情况，低温、干燥保存。

e. 在离地 15 cm 的地方，由南向北钉入标记钉，以便下次测量。

（5）树芯样本处理与气候重建。

a. 样本自然风干后，用粗细两种砂纸打磨（先粗后细），能清晰地看到树木年轮。

b. 将打磨好的样本，由髓心向树皮方向，每 5 年用自动铅笔画一个小点，每 10 年在垂直方向画两个小点。用画骨架图的方法进行交叉定年（需提前培训）。首先对同一棵树上的两个树芯进行比较，是否窄轮重合，如果前一部分重合、后一部分不重合，那么，往

后移动一个或几个年轮后，骨架又重合，说明有可能缺轮，要回到显微镜下重新确认。确定好后再与另一个样本用同样的方法进行比较。直到所有的样本的年轮数量准确无误为止。对于活树的样芯，最外层年轮的年代是已知的，由于前面几步定年准确无误，那么每个年轮的生长年代就能准确定年。

  a. 用 LA-S 植物年轮分析系统测量树轮宽度。

  b. 利用年轮宽度，结合本地历年气象数据（温度、降水等）重建采样器气候变化历史。

Landsat TM 地表温度反演

一、目的和要求

（1）结合具体操作，掌握单窗算法进行 TM 影像地表温度反演的一般步骤，熟悉相关软件的使用，由给定数据得出地表温度反演结果。

（2）了解单窗算法进行干旱监测的原理。

二、设备及软件平台

ArcMap、ENVI 软件及能够运行该软件的计算机系统。

三、原理

陆地卫星 TM6 波段主要用于地表温度和地表水热空间差异的分析，它记录的是地表发生率。传统利用 TM6 数据反演地表温度的方法是通过大气校正法，这一方法首先需要进行大气模拟，从卫星高度所观测到的热辐射中减去大气的辐射分量，得到地面实际的热红外辐射量，然后考虑到地表比辐射率，反演出真正的地表温度。该方法操作复杂，可行性较差。覃志豪等人根据地表热辐射传导在 TM6 波段区间内的特征，提出了一个简易可行的单窗算法，用来从 TM6 数据中反演地表温度，这一单窗算法需要 3 个基本参数，即地表比辐射率、大气透射率和大气平均作用温度，TM/ETM 波段的热辐射传导方程如下：

$$B6(T6) = t6(q)[e6B6(Ts) + (1-e6)I6\tilde{\ }] + I6\_$$

其中，Ts 是地表温度；$T6$ 是 TM6 的亮度温度；$t6$ 是大气透射率；$e6$ 是地表辐射率。$B6$（$T6$）表示 TM6 遥感器所接收到的热辐射强度；$B6$（Ts）是地表在 TM6 波段区间内的实际热辐射强度，直接取决于地表温度；$I6\tilde{\ }$ 和 $I6\_$ 分别是大气在 TM6 波段区间内的向上和向下热辐射强度。

化简后最终的单窗体算法模型计算 Ts（地表温度）：

$$Ts = \{a(1-C-D)+[b(1-C+D)+C+D]T6-DTa\}/C$$

式中：$C = t6e6$（$e6$ 为比辐射率，$t6$ 为透射率）；$D = (1-t6)[1+t6(1-e6)]$；$a = -67.355351$，$b = 0.458606$。

四、内容与步骤

根据 TM 地表温度反演原理，利用陆地卫星 TM6 波段进行地表温度反演。

数据介绍：数据下载自美国马里兰大学网站，其行号为 122，列号为 036，6 波段空间分辨率为 120 m×120 m。如实践图 8.1 所示。

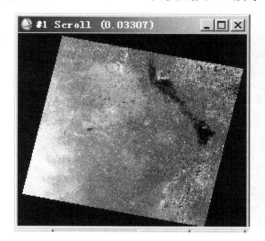 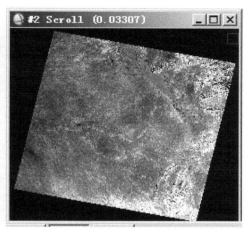

实践图 8.1　4、3、2 波段组合影像（左）及 6 波段影像（右）

数据处理：地表温度反演公式化简后的单窗体算法模型公式如下：

$$Ts=\{a(1-C-D)+[b(1-C+D)+C+D]T6-DTa\}/C$$

式中，$C = t6e6$（$e6$ 为比辐射率，$t6$ 为透射率）；$D = (1-t6)[1+t6(1-e6)]$；$a = -67.355351$，$b = 0.458606$。式中 C、$T6$、Ta 是三个未知参数，根据公式的基本要求分别对如下参数进行计算或估算：

（1）大气透射率 $T6$ 的估计。

（2）大气平均作用温度 Ta 的近似估计。

（3）C 的估算：

① 地表比辐射率 $e6$ 的估计；

② 像元亮度温度 $T6$ 计算。

（4）地表温度的计算。

五、结果与数据分析

了解了单窗算法进行干旱监测的原理，结合具体操作，掌握单窗算法进行 TM 影像地表温度反演的一般步骤，熟悉相关软件的使用，并由给定数据得出地表温度的反演结果。根据反演结果分析不同下垫面地表温度特征。

实践项目九

卫星云图增强处理实践

一、目的

（1）云图数据读入并绘图。

（2）设计云图增强层次。自定义色标；RGB 配特定颜色。

（3）对云图进行多种增强处理，并对比增强前后的差异。

二、设备及软件平台

MATLAB 软件及可运行该软件的电脑平台。

三、内容和方法

1．准备工作

把文件夹 satellite-practise 中的如下文件复制到"Matlab\work\"目录。

satellite_data.mat	368 KB	MATLAB data file
colormap_user_define.m	1 KB	MATLAB M-file
practise.m	4 KB	MATLAB M-file
bt.txt	270 KB	文本文档
latitude.txt	270 KB	文本文档
longitude.txt	270 KB	文本文档

以上文件说明如下：

satellite_data.mat	% 卫星数据以 matlab mat 格式存放数组形式
colormap_user_define.m	% 用户自定义的色标子程序
practise .m	% 本次实习要使用的主程序
bt.txt	% 卫星数据中的亮度温度数据
latitude.txt	% 卫星数据中与 bt.txt 所对应的经纬度位置数据
longitude.txt	% 卫星数据中与 bt.txt 所对应的经纬度位置数据

2．启动 matlab 和实习主程序

开始→所有程序→matlab7→matlab7。

由主菜单打开主程序 practise.m。

单击"打开"则看到主程序。程序解读见程序注释。

3．读入卫星数据并绘图

读入卫星数据可以使用以下两种方法之一来实现。

（1）方法一：使用 fopen 和 fscanf 等函数读入".txt"文件中的数据，将"bt.txt"读入。

（2）方法二：使用 load 语句读入".MAT"文件中的数据，将"satellite_data.mat"读入。单击 中 Run，则执行程序、绘出以下三个图，名称分别为 Figure No. 1，Figure No. 2 和 Figure No. 3。三个图来自于同一个 IR 通道数据文件。图中色标旁边已经标出亮温度。

4．增强处理与效果比较

程序中可修改的程序段如下。

（1）用自动色标时的语句为

```
set(gca,'CLim',[200 300]);    %色标的范围
```

可以改变[200 300]，但为了对比，程序中前后三段要一致。

（2）自定义色标时的语句为

```
levels=200：10：300；  % every 10 K one color；
```

可调整其中的数字"10"。"10"表示在亮温度[200 300]区间内每 10 K 改变一种颜色。

用 RGB 配色时：把图像像素值除以像素值最大值 255 得到归一化图像，故各种颜色只能在 0~1 内变化。

5．选择特定范围的亮度温度增强并出图

在主程序中选择以下三个语句中的一个：

```
bt(find(bt>240 ))=NaN ;         % 低值输出不变，只改变高值
bt(find(bt<280))=NaN;           % 高值输出不变，只改变低值
bt(find(bt>240 & bt<280))=NaN   % 低值和高值输出不变，只改变中间值
```

运行程序、观察输出图像的变化。

四、实践结果

出图并分析。

济南玉符河水文特征与气象条件的关系分析

一、目的和要求

掌握利用气象和水文观测资料，分析小流域水文特征与气象条件的关系的基本方法。

二、资料来源及分析方法

选用某小流域 1960—2015 年降水、径流观测、输沙等资料，采用数理统计的方法，讨论流域年降水量与土壤侵蚀模数、年径流量及流域时段整治程度与时段年输沙量之间的关系。

三、内容和方法

1. 流域概况调查

玉符河位于山东省济南市市内，发源于历城南部山区的锦绣、锦阳、锦云三川，三川汇入玉符山与卧虎山之间的水库，流出水库后始称玉符河，总流域面积 827 平方千米。

该流域属暖温带半湿润大陆性季风气候，年平均气温在 13℃～14℃，多年平均降水量约 686 mm，最大年降水量（1964 年）1058 mm，最小年降水量（2002 年）370 mm，年际、年内分配极不平衡。平均径流深 120 mm，年平均径流量 0.0864 亿立方米，最大年径流量 3.759 亿立方米。历年平均气温 12.6℃。全年相对平均湿度 60%，多年平均陆地水面蒸发量 1430 mm。常年静风率占 23.6%，年平均风速为 2.65 m/s，最大风速为 14 m/s。南部山区从南到北分布着褐土性土和普通褐土等几类土壤，该地区地质情况良好，土壤渗透性能较强，有利于南部山区雨水的集蓄、存储。

2. 流域月、年降水量变化趋势分析

（1）降水量月际变化：通过对研究区 1950—2015 年逐月降水量统计，分析流域内降水量月际变化规律。

（2）降水量年际变化：通过对 1950—2015 年降水资料统计，分析流域降水丰枯变化规律。

（3）流域月径流量变化规律：通过对 1950—2015 年逐月水文资料的统计，分析流域径流量月分布过程线变化特征，研究月径流量变化与降水量月际变化间的关系。

（4）流域年径流量变化规律：通过对 1950—2015 年水文资料的统计，分析流域年径流量变化规律。

3．流域输沙量月、年变化趋势分析

（1）流域输沙量月变化：通过对 1950—2015 年水文资料统计，分析流域输沙量月变化规律，研究输沙量与降水、径流量的关系，分析流域土壤侵蚀与径流、降水间的关系。

（2）流域输沙量年变化：通过对 1950—2015 年水文资料统计，分析流域输沙量年变化规律，研究输沙量与降水、径流量的关系。

4．流域年降水量与年径流量、年均土壤侵蚀模数之间关系分析

（1）通过对 1950—2015 年降水量与径流量相关分析，建立回归方程，研究流域降水对径流的影响。

（2）流域年降水量与年均土壤侵蚀模数的关系：通过对 1950—2015 年降水量与年均土壤侵蚀模数相关分析，建立回归方程，分析流域降水与土壤侵蚀间的关系。

5．流域时段输沙量与治理程度之间关系分析

利用调研资料，把研究区流域治理分成若干阶段，根据流域治理各阶段及各阶段输沙量的变化规律，分析输沙量变化与阶段性治理间的关系。

四、结论

通过分析，总结流域年降水量与土壤侵蚀模数、年径流量及流域时段整治程度与时段年输沙量之间的关系。

附 录

气象学与气候学基础性实践及
相关科创性实践介绍

附表 1 基础性实践项目

序　号	项目内容	性　质	课　时	类　型		
				验证型	综合型	设计型
1	气象要素的综合观测与场址选择	课内实验	8			●
2	大气温度的观测原理与方法				●	
3	大气湿度的观测原理与方法				●	
4	气压的观测原理与方法				●	
5	风向风速的观测原理与方法				●	
6	地温的观测原理与方法				●	
7	降水、蒸发和能见度的观测				●	
8	日照的观测			●		
9	云的观测			●		
10	小气候观测设计和观测	开放实验	自选			●
11	小气候观测资料整理和分析				●	
12	天气预报及天气图的认读和分析				●	
13	气象要素统计与气候类型判别				●	
14	大气酸雨的观测原理与方法				●	
15	土壤温度、湿度的观测原理与方法				●	
16	雾霾天气下气象要素特征分析				●	●

附表 2 科创性实践项目

序　号	项目内容	项目要求
1	第二课堂——气象园观测	课程开课时间向任课教师申报
2	气象类毕业设计、毕业论文	个人向教学团队老师申报
3	气象类大学生 SRT	向教学团队老师申请
4	气象类大学生挑战杯	根据大学生创新安排，向教学团队老师申请

主要参考文献

[1] 百度百科. https://baike.baidu.com/item/%E6%B0%94%E8%B1%A1%E8%A7%82%E6%B5%8B

[2] 包云轩等. 气象学实习指导. 北京：中国农业出版社，2015

[3] 国家气象局气候监测应用管理司编译. 气象仪器和观测方法指南. 北京：气象出版社，2005

[4] 李江风，袁玉江. 树木年轮水文学研究与应用. 北京：科学出版社，2000

[5] 刘鹏. 气象学与气候学实验实习. 成都：西南交通大学出版社，2007

[6] 王振会. 卫星气象学实验实习教程. 北京：气象出版社，2016

[7] 中国气象局气象观测中心. 地面气象观测业务技术规定实用手册. 北京：气象出版社，2016

[8] 周淑贞. 气象学与气候学. 北京：高等教育出版社，1997